Aaron Püttmann

101 Dinge die man über die Luftfahrt wissen muss

GeraMond

Inhalt

Vorwort 7

1 Otto Lilienthal | Das Prinzip „Schwerer als Luft" 8
2 Der erste Motorflug | Ein Menschheitstraum wird wahr 10
3 Flying Fool | Der Pionier Charles Lindbergh 12
4 Howard Hughes | Der „Aviator" 14
5 122,5 Tonnen Holz | Die Hughes H-4 „Spruce Goose" 16
6 Jacqueline Cochran | Die schnellste Frau der Welt 18
7 Charles „Chuck" Yeager | Der weltweit erste Überschallflug 20
8 Schallgeschwindigkeit | Was hat Ernst Mach mit Luftfahrt zu tun? 22
9 Noch schneller und höher | Die Lockheed SR-71A Blackbird 24
10 Voyager | Die erste Nonstop-Erdumrundung 26
11 General Electric GE90 | Das stärkste zivile Strahltriebwerk 27
12 Der längste Linienflug ... | Ultralangstrecken der Superlative 28
13 ... und der kürzeste Linienflug! | Inselhüpfen in Schottland 30
14 I am sailing! | Der längste Flug mit einem Segelflugzeug 32
15 Der weiteste Segelflug | Von Lübeck bis an den Atlantik 34
16 Notlandung auf den Azoren | Der längste Gleitflug eines Jetflugzeugs . . . 36
17 Die Douglas DC-3 | Eine Legende der Luftfahrt 38
18 Boeing | Der größte Luft- und Raumfahrtkonzern 40
19 Die Boeing 737 | Boeings „Brot-und-Butter"-Flugzeug 42
20 Die Boeing 747 | Das Flugzeug, das die Welt veränderte 44
21 Die neue Generation | Die Boeing 787 „Dreamliner" 46
22 AWACS | Ein Teller auf dem Dach – die Boeing E-3 48
23 Airbus | Ein europäisches Gemeinschaftsprojekt 50
24 Der Airbus A300 | Die beste Boeing, die Airbus gebaut hat 52
25 Der Airbus A310 | Eine kleine Revolution 54
26 Die Airbus A320-Familie | Konkurrenz für Boeing 56
27 Der Airbus A350 | Europas Antwort auf den Dreamliner 58
28 Der Airbus A380 | Ein fliegender Koloss aus Europa 60
29 Es geht noch größer | Die Antonov An-225 „Mrija" 62
30 Geschichte der Lufthansa 1 | Die alte Lufthansa 64
31 Geschichte der Lufthansa 2 | Die neue Lufthansa 66
32 Air Force One | Eine fliegende Kommandozentrale 68
33 Ed Force One | Der fliegende Iron Maiden Tourbus 70
34 Der Eurofighter Typhoon | Das „Mehrzweckkampfflugzeug" 72

35 Flughafen Atlanta | Der größte Flughafen der Welt 74
36 London Heathrow | Der größte Flughafen Europas 75
37 8 Rotorblätter, 40 Meter | Der größte Hubschrauber der Welt 76
38 Airlander 10 | Der größte Zeppelin der Welt. 78
39 Das Space Shuttle | Raumfähre zum Wiederverwenden 80
40 Die Freiheiten der Luft | Darf eine Airline einfach überall hinfliegen? 82
41 Legacy Carrier | Das volle Programm. 86
42 Regionalfluggesellschaften | „Feeder" für Legacy Carrier. 87
43 Low Cost Carrier (LCCs) | Siegeszug der Günstig-Airlines 88
44 FSNCs, LCCs und Co | Vermischte Geschäftsmodelle 89
45 Allianzen in der Luftfahrt | Synergien und strategische Kooperationen . . . 90
46 Ordnung in der Luft | Air Traffic Control (ATC) 92
47 Slots | Die Zeitfenster der Luftfahrt 94
48 Luftfahrzeugkennzeichen | Codierte Flugzeug-Identitäten. 96
49 Flughafen-Codes | Drei-Letter-Code und ICAO-Code 98
50 Einteilung von Flughäfen | Von Gruppe 1 bis Gruppe 4 100
51 Die Schwarze Liste der EU | Unsichere Fluggesellschaften 101
52 Yield Management | Wie werden Tickets kurz vor Abflug teurer? 102
53 No-Shows | Warum sind Flüge manchmal überbucht? 104
54 Flugsicherheit | Fliegen ist sicher. Sehr sicher! 106
55 Die Flugbegleiter | Mehr als nur „Saftschubse"! 108
56 Die Purser | Bindeglied zwischen Kabine und Cockpit 110
57 Der Flugkapitän | Oh Captain, my Captain 111
58 Der erste Offizier | „Darf der überhaupt schon fliegen?" 112
59 Pilot Flying | „I have Control!" 114
60 Pilot Monitoring | „You have Control!" 115
61 EFIS – das Glascockpit | Erhöhte Übersicht für die Piloten 116
62 Die Lage kennen | Das Primary Flight Display (PFD). 118
63 VOR, DME, INS und Co | Wie navigieren Flugzeuge überhaupt?. 120
64 Elektronisches Gehirn | Flight Management System (FMS) 122
65 Das Eingabegerät fürs FMS | Die Control and Display Unit (CDU) 124
66 Der Autopilot | Automatische Flugsteuerung 126
67 Das Navigation Display | Wissen, wo man fliegt. 128
68 Das ACARS | „Aircraft Adressing and Reporting System" 130

69 „Traffic! Traffic!“ | Das TCAS 132
70 Der Jumpseat | Der Beobachterplatz im Cockpit 134
71 Flugschreiber | Die „Blackbox“ 136
72 Was ist drin? | Der Flugdatenschreiber 138
73 Die APU | „Ist das da hinten ein Hilfstriebwerk?!“ 139
74 Suck, Push, Bang, Blow! | Wie funktioniert denn so ein Triebwerk? 140
75 Pitch and Roll | Wie funktionieren die Ruder? 142
76 V1 | Die Entscheidungsgeschwindigkeit 144
77 VR und V2 | Ab in die Luft! 146
78 Der Anstellwinkel | Angle of Attack 148
79 Stall | Der Strömungsabriss 150
80 Tailstrike | Wenn das Heck die Runway küsst 152
81 Birdstrike | Wenn Geflügel Flugzeugen die Flügel stutzt 154
82 Winglets | Wozu die nach oben gebogenen Flügelenden? 156
83 Bordverpflegung | Schmeckt Tomatensaft in der Luft anders? 158
84 Jetstreams | Schnell wie der Wind 160
85 Clear Air Turbulence | Luftlöcher? Gibt es gar nicht! 162
86 Eine Bombe an Bord? | Und wohin damit? 164
87 Die Störklappen | Was fährt da oben aus der Tragfläche? 166
88 Auftriebshilfen | Flaps und Slats 168
89 Reverse Thrust | Der Umkehrschub 170
90 Minimums | Die Entscheidungshöhe 172
91 CAT I, II und III | Keine Sicht? Kein Problem! 173
92 Go-Around! | Volle Kraft voraus 174
93 Landen ohne Sicht | Das ILS 176
94 Gefahren an Flughäfen | Was macht Flughäfen potenziell gefährlich? . . . 178
95 London City | Ein Flughafen mitten in der Stadt 179
96 Kai Tak | Checkerboard und enge Kurve im Endanflug 180
97 Madeira | Ein Flughafen auf Stelzen 182
98 Tenzing-Hillary Airport | Der wohl gefährlichste Flughafen der Welt 184
99 Toncontín, Honduras | Hoch gelegen und schlecht ausgebaut 186
100 Flughafen Malé | Eine Landebahn im Paradies 187
101 Sportfliegerei im Gebirge | Tolle Aussichten – und große Gefahren! 188

Die Fliegerei und die Luftfahrt

Einblicke in eine faszinierende Welt

Fliegen – der Traum der Menschheit. Schon immer strebte unsereins nach dem Himmel. Dieser Traum wurde am 17. Dezember 1903 Wirklichkeit. Die Brüder Wright machten sich in ihrem hölzernen Gefährt auf und schrieben Geschichte. Sie vollführten den ersten Motorflug. Seitdem hat die Luftfahrt innerhalb kürzester Zeit rasante Fortschritte gemacht, immer getreu dem Motto: höher, schneller, weiter. Die ersten Passagiere wurden befördert. Neue Routen über die Weltmeere und Hochgebirge dieser Erde wurden erschlossen. Jahrzehnte später brach dann das Jet-Zeitalter an, Giganten wie die Boeing 747 erblickten das Licht der Welt – Flugreisen wurden für jedermann erschwinglicher. Heute sind sie nicht die Ausnahme, sondern die Regel. Allein in Europa finden täglich mehr als 27.000 Flüge statt.

Die Fliegerei kennenlernen!

Man kann also sagen, dass die Fliegerei zum Alltag geworden ist. Doch eines verbleibt trotz aller Routine: die pure Faszination. Darüber, dass sich Kolosse wie der Airbus A380 trotz des enormen Abfluggewichts scheinbar mühelos in die Luft bewegen können. Darüber, dass es heute möglich ist, jeden Punkt der Erde innerhalb kurzer Zeit erreichen zu können. Darüber, dass das System Luftfahrt trotz täglich Abertausender Flugbewegungen so reibungslos funktioniert – bei einer Sicherheitsstatistik, die ihresgleichen sucht. Warum sind Flugtickets kurz vor dem Abflug so viel teurer? Wie finden sich Verkehrspiloten in der Luft zurecht und finden ihr Ziel? Wie arbeitet die Flugsicherung? Was hat es mit VORs, DME und NDBs auf sich? Darf eine Airline überall hinfliegen? Dieses Buch soll mit allerlei unterhaltsamen Fakten, Kuriositäten und Erklärungen Licht ins Dunkel einer Welt bringen, die mich jeden Tag aufs Neue zu begeistern weiß. Doch auch große Pionierleistungen und Luftfahrtrekorde kommen nicht zu kurz. Was hat es mit dem „Flying Fool“ auf sich? Wie lang dauert der kürzeste Linienflug der Welt? Und was hat Ernst Mach mit der Luftfahrt zu tun? Ich möchte meine Faszination für die Fliegerei und Luftfahrt mit Ihnen teilen. Dabei hoffe ich sehr, dass Sie ebenso viel Freude beim Lesen dieses Buches haben wie ich, als ich es verfasste. Also: Allzeit „Happy Landings“!

Ihr Aaron Püttmann

Otto Lilienthal

1

Das Prinzip „Schwerer als Luft"

Am 23. Mai 1848 wurde in Anklam im heutigen Mecklenburg-Vorpommern ein Mann geboren, der die Fliegerei revolutionieren sollte: Otto Lilienthal. Er war wohl der erste Mensch der Geschichte, der es mit seinem Hängegleiter wiederholt schaffte, zu fliegen und damit diesem Traum der Menschheit ein entschiedenes Stück näher zu kommen. Der Pionier arbeitete vor seinen ersten Flugversuchen als Ingenieur für Maschinenbau und besaß sogar eine eigene Fabrik, die Dampfkessel fertigte. Schon in den späten 1860er-Jahren begann er, sich für die Grundlagen des Fliegens zu interessieren. Mit wissenschaftlicher Akribie erforschte er in Beobachtungen und Experimenten den Flug der Vögel und fasste seine Erkenntnisse in seinem Buch „Der Vogelflug als Grundlage der Fliegekunst" zusammen. Doch Lilienthal wollte die physikalischen und aerody-

Der Flugpionier Otto Lilienthal, der am 9. August 1896 tödlich verunglückte

Am 19. Oktober 1895 nutzte Otto Lilienthal seinen größeren Doppeldecker.

namischen Prinzipien des Fliegens nicht nur verstehen, er wollte sich selbst in die Lüfte schwingen. 1890 baute er kurzerhand ein eigenes Fluggerät, eine Art Hängegleiter, den er „Derwitzer Apparat" taufte. Damit sprang er immer wieder von einer Rampe, bis ihm 1891 etwas Bahnbrechendes gelang: Lilienthal wurde der erste Mensch, der mit einem Flugzeug flog.

Tödliche Passion

Immerhin 25 Meter weit führte ihn seine erste Flugstrecke und bewies: Ein Flug mit einem Gerät, das schwerer als Luft ist, ist möglich! Zwei Jahre später gelang Lilienthal mit 250 Metern sogar die zehnfache Distanz. Bei diesen Flugversuchen waren Verletzungen wie verstauchte Füße und Arme an der Tagesordnung. Das konnte Lilienthal jedoch nicht davon abbringen, insgesamt mehr als 2.000 Flugversuche zu unternehmen. Am 9. August 1896 wurde Lilienthal schließlich seine Leidenschaft zum Verhängnis. An einem sonnigen Tag erfasste ihn in 15 Meter Höhe eine Windböe, die er nicht austarieren konnte. Er stürzte und erlitt eine Fraktur des dritten Halswirbels oder, nach neueren Erkenntnissen, eine Hirnblutung. Einen Tag darauf erlag er seiner Verletzung. Zum Absturz beigetragen hatte wahrscheinlich Lilienthals Streben nach immer größeren Distanzen und der Versuch, den Anstellwinkel immer weiter zu erhöhen, was letztendlich die Fluggeschwindigkeit verringerte und einen Strömungsabriss herbeigeführt haben könnte (dazu in späteren Kapiteln mehr).

Der erste Motorflug

Ein Menschheitstraum wird wahr

2

Kitty Hawk, North Carolina, 17. Dezember 1903. Ein Traum, der wohl seit dem Anbeginn der Menschheit existierte, wurde endlich wahr: der Traum vom Fliegen! Die Brüder Orville und Wilbur Wright starteten zum ersten Motorflug der Welt – in ihrem „Wright Flyer", 81 kg schwer und 12 PS stark. Ganze zwölf Sekunden dauerte dieser erste Motorflug der Menschheit. Dabei wurde immerhin schon eine Strecke von 37 Metern zurückgelegt, und das bei einer Geschwindigkeit von ungefähr 11 km/h. Im Verlauf desselben Tages sollten noch drei weitere Flüge folgen.

Ein Flug für die Ewigkeit

Der letzte dieser Flüge soll innerhalb von 59 Sekunden sogar über eine Strecke von 259,7 Metern gegangen sein – das ist heute jedoch nicht mehr vollkommen zweifelsfrei nachweisbar. Ursprünglich plante man noch

Orville und Wilbur Wright im Jahre 1914

Der „Wright Flyer" bei einem seiner erfolgreichen Flüge

weitere Flugversuche, doch leider hatte eine Windböe den „Flyer" nach dem vierten und letzten Flug zum Überschlag gebracht. Das Flugzeug wurde so stark beschädigt, dass von einem Wiederaufbau abgesehen wurde. Das Wrack wurde in Dayton abgestellt und dort 1913 bei einem Hochwasser fast vollständig zerstört. Heute befindet es sich im National Air and Space Museum in Washington, D.C.

Wirklich der erste Motorflug?

Doch waren es wirklich die Brüder Wright, die den weltweit ersten Motorflug unternahmen? Oder kam ihnen möglicherweise schon ein bisschen früher jemand zuvor? Schon seit einigen Jahrzehnten streiten Luftfahrtexperten über diese Frage. Dabei taucht immer wieder ein Name auf – nämlich Gustav Weißkopf! Der nach Connecticut ausgewanderte Franke, der von 1874 bis 1927 lebte, soll nach der Ansicht einiger Menschen bereits im Sommer 1901 erfolgreich mit einem Motorflugzeug geflogen sein. Allerdings gibt es hierfür keine gesicherten Beweise. Die einzigen Dokumente, die einen solchen Flug im August 1901 erwähnen, sind einige Artikel in Lokalzeitungen. Darüber hinaus existieren weder Foto- noch Filmaufnahmen des Fluges. Aus diesem Grund wird diese These von vielen Historikern bezweifelt.

Flying Fool

Der Pionier Charles Lindbergh

3

Charles Augustus Lindbergh, jr. erblickte 1902 in Detroit, Michigan, als Enkel eines schwedischen Einwanderers das Licht der Welt. Zunächst deutete wenig darauf hin, dass er eines Tages ein bedeutender Luftfahrtpionier werden sollte. Er begann ein Maschinenbaustudium, musste dieses 1922 aber wegen mangelhafter Leistungen abbrechen. Kurzerhand beschloss er, bei der Nebraska Aircraft Corporation eine Pilotenausbildung zu beginnen, die eine Ausbildung zum Mechaniker beinhaltete. Leider kam Lindbergh dort nur auf wenige Flugstunden und konnte seinen abschließenden Alleinflug nicht antreten, da er die für die Flugzeug-Kaution nötigen 500 US-Dollar nicht aufbringen konnte.

Lindbergh, Jenny und die Spirit of St. Louis

Diese fehlende Erfahrung konnte der junge Pilot jedoch noch aufholen. Zusammen mit Kunstflug-Piloten zog er durchs Land und absolvierte Fallschirmsprünge. Dann kaufte er sich sein erstes eigenes Flugzeug, eine Curtis JN-4 „Jenny", mit dem er sich als Kunstflieger betätigte. 1924 trat er den amerikanischen Heeresfliegern bei; da jedoch kein Krieg herrschte, schipperte er Post von St. Louis nach Chicago. Nach einiger Zeit des Postauslieferns kam Lindbergh 1926 auf die Idee, ohne Zwischenstopp den Atlantik zu überqueren. Das war 1919 zwar schon anderen gelungen, allerdings noch niemandem allein. Ein amerikanischer Hotelier namens Raymond Orteig schrieb einen Wettbewerb mit einem Preisgeld von 25.000 US-Dollar für denjenigen Piloten aus, der es als erster Mensch der Welt schafft, nonstop von New York nach Paris (oder umgekehrt) zu fliegen. Viele scheiterten, doch Lindbergh hatte das Feuer gepackt. Er konsultierte den Flugzeugbauer Ryan Airlines aus San

Charles Lindbergh

Lindbergh vor seiner „Spirit of St. Louis", die ihn über den Atlantik brachte

Diego, der ihm das Flugzeug für dieses Vorhaben konstruierte – die „Spirit of St. Louis"! Lindbergh war maßgeblich an der Konstruktion beteiligt.

Mit einfachsten Mitteln über den großen Teich

Das Besondere: Der Treibstofftank war vor dem Cockpit befestigt und verhinderte so die Sicht nach draußen. Nur ein kleines Periskop ermöglichte den Blick nach vorn. Das machte Lindbergh jedoch nichts aus, er begnügte sich mit den Seitenfenstern – das war er von der Paket-Fliegerei gewohnt. Aus Gewichtsgründen wurden nur die nötigsten Instrumente verbaut, nicht einmal eine Tankanzeige und ein Funkgerät fanden Platz. Am 20. Mai 1927 ging es um kurz vor acht Uhr morgens schließlich los: Lindbergh startete vom Roosevelt Field in New York gen Paris. Auch ein Sextant fehlte zugunsten einer höheren Treibstoffbeladung. So musste sich der Pilot bei der Navigation auf seine Armbanduhr, seinen Kompass und seine Karten verlassen. Das gelang ihm ausgesprochen gut. Lindbergh erreichte die irische Küste mit gerade einmal fünf Kilometern Kursabweichung. Nach 33 Stunden und 30 Minuten wurde er von einer jubelnden Menschenmenge am Flughafen Paris Le Bourget empfangen und strich das Preisgeld ein. Die Presse taufte ihn den „Flying Fool", Lindbergh avancierte zum amerikanischen Nationalhelden und wurde mit einer Konfettiparade in New York empfangen.

Howard Hughes

4

Der „Aviator"

Mit 18 Jahren schrieb ein junger Texaner seine bescheidenen Lebenswünsche auf die Rückseite eines Einkaufszettels. „Was ich werden will: 1. Der beste Golfspieler der Welt. 2. Der beste Pilot. 3. Der berühmteste Filmproduzent". Das mag vielleicht etwas hochgegriffen klingen. Doch das Leben des US-amerikanischen Unternehmers, Milliardärs und Luftfahrtpioniers sollte tatsächlich so rasant verlaufen. In den späten 1920er- und frühen 1930er-Jahren betätigte sich Hughes, der eine gute Summe Geld als Haupterbe der Hughes Tool Company einstreichen konnte, als äußerst erfolgreicher Filmproduzent. Zur gleichen Zeit begann er, sich für die Welt der Fliegerei und Luftfahrt zu interessieren – und das mit großer Leidenschaft. Aus diesem Grund zog es ihn in den Großraum Los Angeles, genauer gesagt nach Burbank, wo er sich in eine Baracke zurückzog und fortan Flugzeuge entwickelte, die er selbst als Pilot testete. Der Lebemann stellte eine Reihe von Luftfahrtrekorden auf, darunter die bis dato höchste erreichte Fluggeschwindigkeit von 567 km/h und den schnellsten Flug von der amerikanischen West- zur Ostküste: 7 Stunden, 28 Minuten und 25 Sekunden benötigte Hughes von Los

Dieses Flugzeug baute Lockheed eigens für Hughes Weltumrundung.

Der exzentrische Multimillionär 1947 in einem seiner privaten Flugzeuge

Angeles nach New York. Doch das reichte ihm nicht. Drei Jahre später, 1938, sicherte er sich den Rekord der schnellsten Weltumrundung im Flugzeug. In nur 91 Stunden umrundete er in seiner Lockheed 14 über Paris, Moskau, Omsk, Jakutsk, Anchorage und Minneapolis die Erde und landete schließlich in New York.

Genie und Wahnsinn: Aufstieg und Fall des Pioniers

Howard Hughes war zu dieser Zeit auch im Airline-Geschäft erfolgreich. Im gleichen Jahr erwarb er die Mehrheit der Aktien der Transcontinental and Western Air, die später in Trans World Airlines (TWA) umbenannt wurde und nach dem Zweiten Weltkrieg unter seiner Leitung die größte Fluggesellschaft der Welt wurde. Ende der 1950er-Jahre zog sich Hughes allerdings mehr und mehr aus der Öffentlichkeit zurück, was ihm einen Streit mit dem Management der TWA einbrachte, da er äußerst selten erreichbar war und man sich nicht über die Finanzierung von neuen Düsenjets einigen konnte. In letzter Konsequenz verklagte ihn das TWA-Management sogar. Hughes erschien zu keinem der Gerichtstermine und verlor letztendlich die Kontrolle über die Airline. 1966 verkaufte er seine Aktien für gut 546 Mio. US-Dollar. Es folgten mehrere Engagements im Glücksspielparadies Las Vegas, bis Hughes 1976 in einem Flugzeug über Texas an Nierenversagen starb – verwahrlost und auf 46 kg abgemagert. Viele vermuten, dass Hughes sich physisch und psychisch nie vollständig von einem Flugunfall erholte, den er 1946 am Steuer einer Hughes XF-11 verursachte.

122,5 Tonnen Holz

5 Die Hughes H-4 „Spruce Goose"

Howard Hughes flog also nicht nur Flugzeuge, er konstruierte sie auch! Zusammen mit einem Herrn namens Henry J. Kaiser gründete er die Hughes-Kaiser Corporation. Gemeinsam erdachten sie sich eine Flotte von enorm großen Flugbooten. Mit diesen Plänen wandten sie sich an die amerikanische Regierung. Diese war sehr angetan, da der Zweite Weltkrieg im vollen Gange war und ein großer Truppentransporter gut ins Konzept passte. Im Jahr 1942 bekam die Corporation schließlich den 18 Mio. US-Dollar schweren Auftrag zum Bau von drei HK-1. Der Auftrag hatte allerdings einen Knackpunkt: Zur Konstruktion durften nur sogenannte „nicht kriegswichtige Werkstoffe" verwendet werden. Metall schied deswegen aus. Das einzige Baumaterial, das noch in Frage kam, war Holz – daher resultierte auch der Spitzname „Spruce Goose", auf Deutsch in etwa „Fichten-Gans". Nie zuvor wurde ein Flugzeug solcher Größe aus Holz gefertigt. Kaiser konnte mit seinen Erfahrungen nur wenig helfen und zog sich aus dem Projekt zurück. Fortan wurde das Flugzeug als H-4 Hercules bezeichnet. Der Bau der Spru-

Howard Hughes am Steuer seiner „Spruce Goose". Der Blick mutet skeptisch an!

Größer als ein American-Football-Feld: die Hughes H-4 bei einem Flugversuch

ce Goose zog sich in die Länge und verschlang die finanziellen Mittel schneller als geplant, sodass der Auftrag für drei Maschinen auf nur noch eine reduziert wurde. Der Krieg ging schließlich zu Ende, ohne dass die H-4 Hercules rechtzeitig fertiggestellt werden konnte. Bis zum 1. November 1947 sollte es dauern, bis Howard Hughes die Spruce Goose zu Wasser ließ und mit ihr schnelle Rollversuche unternahm. Die „Hercules" hatte bis dahin nie gekannte Ausmaße: Sie war 67 Meter lang und enorme 97,51 Meter breit. Bis heute hat kein anderes Flugzeug diese Spannweite übertroffen! Acht Sternmotoren sollten das Gefährt in die Lüfte bewegen.

Flugversuche und der Weg zum Ausstellungsstück

Einen Tag später führte Hughes vor Publikum schnelle Wasserfahrten mit der Goose durch. Im dritten Anlauf hob der behäbige Riese schließlich ab. In 20 Meter Höhe legte er immerhin 1,5 km zurück. Experten zweifeln aber bis heute die Flugfähigkeit der H-4 grundsätzlich an, da sich die Maschine nur innerhalb des Auftrieb begünstigenden Bodeneffekts bewegte. Dieser kurze Flug blieb gleichzeitig der einzige für das Flugboot. Es wurde eingemottet und schließlich, nach Hughes Tod, zuerst neben der RMS Queen Mary in Long Beach ausgestellt und 1992 ins Evergreen Aviation Museum in McMinnville, Oregon, transportiert, wo es bis heute zu bestaunen ist.

Jacqueline Cochran

6

Die schnellste Frau der Welt

Widmen wir uns nun einer Pionierin der Luftfahrt. Darf ich vorstellen: Jacqueline „Jackie" Cochran – die schnellste Frau der Welt! Um ihre Biografie ranken sich einige widersprüchliche Aussagen. Cochran selbst bezeichnete sich zeitlebens als bei Pflegeeltern aufgewachsenes Findelkind. Sie verließ die Schule früh und hielt sich in New York City und Miami mit verschiedensten Jobs über Wasser, bis sie Floyd Odlum kennenlernte. Odlum war der Präsident der Atlas Flugzeugwerke und verhalf ihr zu einer Anstellung in seiner Firma. Natürlich hilft es der Glaubwürdigkeit, wenn eine Vertreterin eines Flugzeugbauers auch selbst fliegen kann. Gesagt getan: Cochran erwarb ihre Fluglizenz nach gerade einmal drei Wochen Theorie- und Praxisunterricht. Wenig später nahm sie an einem Flugkurs der US Marine teil und bugsierte bald darauf neben zivilen Maschinen auch Bomber und Jäger des Militärs durch die Lüfte. Von nun an sollte Jackie Cochran einen Rekord nach dem anderen aufstellen. Sie entdeckte ihre Vorliebe für Luftrennen und nahm 1934 als erste Frau am prestigeträchtigen Rennen von London nach Melbourne, Australien teil. Kurz darauf, 1935, nahm sie, ebenfalls als erste Frau, am Bendix Transcontinental Air Race teil. Dieses Rennen gewann sie schließlich 1938. Wenig später begann der Zweite Weltkrieg. In dieser Zeit bildete sie als RAF-Kapitänin 1.200 Pilotinnen aus und leitete ab 1943 das „Women's Auxiliary Ferrying Squadron", ein Geschwader ausschließlich bestehend aus Pilotinnen. Cochran war eine sehr gute Ausbilderin, sodass lediglich 38 ihrer Schülerinnen im Verlauf des Krieges ihr Leben lie-

Hier nimmt die Pionierin einen amerikanischen Luftfahrtpreis entgegen.

Jacqueline Cochran stellte ganze 58 Luftfahrtrekorde auf!

ßen. Als Japan 1945 auf den Philippinen die bedingungslose Kapitulation unterschrieb, befand sich Cochran vor Ort, an der Seite von General Douglas MacArthur, dem damaligen Oberbefehlshaber der US-Streitkräfte in Japan und einem der meistdekorierten US-Soldaten der amerikanischen Geschichte.

Höher, schneller, noch schneller: die letzten Jahre

Der Krieg war vorbei und Jacqueline Cochran machte sich auf, um neue Rekorde zu brechen. Als erste Frau gelang es ihr, die Schallmauer zu durchbrechen. Im Juni 1953 erreichte sie im Sturzflug eine Geschwindigkeit von 1.042,5 km/h. Doch damit nicht genug. 1964 jagte sie am Steuer einer F-104 G „Starfighter" mit 2.300 km/h durch die Luft. Bis zu ihrem Tod 1980 flog keine Frau schneller! Drei Jahre zuvor stellte sie bereits einen Höhenrekord für Frauen auf, bei dem sie auf 55.253 Fuß kletterte. Das entspricht einer Höhe von ungefähr 16.841,11 Metern. 1980 verstarb die schnellste Frau der Welt kinderlos im Alter von 74 Jahren. Kein Pilot vor und nach ihr stellte mehr Geschwindigkeits-, Strecken- und Höhenweltrekorde auf.

Charles „Chuck“ Yeager

Der weltweit erste Überschallflug

7

Das Hauptziel war erreicht: Der Mensch hatte es geschafft, sich in die Luft zu bewegen. Aber es musste natürlich weitergehen. Höher, schneller und weiter! Charles „Chuck“ Yeager wollte es vor allem schneller. Yeager, Jahrgang 1923, war ein US-amerikanischer Veteran des Zweiten Weltkriegs und Testpilot der US Air Force. Ihm wurde eine große Ehre zuteil: Er wurde für ein besonderes Forschungsprogramm ausgewählt, bei dem er das experimentelle Raketenflugzeug Bell X-1 fliegen und testen sollte. Yeager taufte das Flugzeug auf den Namen „Glamorous Glennis“. Glennis – so hieß die Ehefrau des Testpiloten!

Chuck Yeager vor einer Convair XF-29A

Der Pilot neben der Bell X-1A, mit der Yeager einen weiteren Rekord aufstellte

Der erste Mensch, der die Schallmauer durchbrach

Chuck Yeager wollte am 14. Oktober 1947 das erreichen, was zuvor noch kein Mensch vor ihm erleben konnte. Er wollte schneller als der Schall fliegen! Fast hätte sich jedoch ein anderer an das Steuer der Bell X-1 setzen müssen. Bei einem nächtlichen Ausritt mit seiner Frau brach sich Yeager zwei Rippen. Um das unter den Teppich zu kehren und seinen Flug nicht zu gefährden, suchte er statt des Krankenhauses seines Stützpunktes lieber einen Tierarzt auf! Mit Erfolg – zwei Tage später durchbrach der Pilot in 45.000 Fuß (circa 13.700 Meter) die Schallmauer. Unter den Luftdruck- und Temperaturbedingungen wären dazu 1.060 km/h nötig gewesen. Tatsächlich brachte es Yeager auf ganze 1.080 km/h und erreichte Mach 1,06! In den Jahren danach sollte er noch zahlreiche weitere Rekorde brechen, und zwar nicht nur Geschwindigkeits-, sondern auch Höhenrekorde. Ein kurioser Fakt: Yeager war außerdem der erste Amerikaner, der den russischen Fighter MiG-15 flog. Mit der Maschine hatte sich ein nordkoreanischer Pilot in den Süden abgesetzt.

Schallgeschwindigkeit

Was hat Ernst Mach mit Luftfahrt zu tun?

8

Den spektakulären Rekordflug von Chuck Yeager konnte ein gewisser Ernst Waldfried Josef Wenzel Mach leider nicht mehr miterleben. Er starb nämlich bereits einige Zeit davor, im Jahre 1916. Ernst Mach war ein bekannter Physiker und Philosoph. Doch was hat dieser Herr mit der Luftfahrt zu tun? Er beschäftigte sich mit der Geschwindigkeit. Nach ihm ist die sogenannte Mach-Zahl benannt, die das Verhältnis der Geschwindigkeit des Flugzeugs zur Schallgeschwindigkeit des „umgebenden Fluids" (z.B. Luft) beschreibt. Diese Zahl ist für die kommerzielle und militärische Luftfahrt, in der Flugzeuge recht schnell unterwegs sind, enorm wichtig.

Eine österreichische Sonderbriefmarke zu Ehren des 150. Geburtstags Machs, der 1838 im damalig österreichischen Chirlitz (Brünn) geboren wurde. Er war nicht nur Physiker (unter anderem gilt er als Vordenker der Relativitätstheorie), er beschäftigte sich auch mit Fragen der Psychologie und Philosophie.

Ernst Mach im Jahre 1910

Die Schallgeschwindigkeit einfach erklärt

Die Schallgeschwindigkeit der Luft, die das Flugzeug umgibt, ist variabel und hängt vor allem von der Lufttemperatur ab. Diese nimmt mit zunehmender Flughöhe ab. Das Praktische daran ist, dass die Mach-Zahl deswegen in jeder Flughöhe vergleichbar ist, anders als zum Beispiel die Indicated Airspeed. Das ist vor allem von Bedeutung, um die vom Flugzeughersteller vorgegebene Maximal-Geschwindigkeit des Luftfahrzeugs nicht zu überschreiten (Mach Maximum Operating Number, MMO), denn nicht nur zu langsames Fliegen ist gefährlich. Zu hohe Geschwindigkeiten führen zu enormen Belastungen der Struktur und können gefährliche Verwirbelungen an den Tragflächen und in der Konsequenz einen „High Speed Stall“ hervorrufen, also einen Hochgeschwindigkeits-Strömungsabriss.

Noch schneller und höher

Die Lockheed SR-71A Blackbird

9

Bewegen wir uns wieder ein wenig in die Welt der Militärfliegerei. Gerade in der Zeit des Kalten Krieges wurden hier immer neue Rekorde in der Luftfahrt aufgestellt, um der gegnerischen Macht die Muskeln zu zeigen. So auch bei der legendären Lockheed SR-71A Blackbird. Sie gilt bis heute als das schnellste Flugzeug der Welt. Die Blackbird war ein sehr hoch und schnell fliegendes Aufklärungsflugzeug, angetrieben von zwei Pratt&Whitney-Triebwerken J58 mit je 151 kN Schub. Bei einem maximalen Startgewicht von gerade einmal knapp 63 Tonnen konnte sich dieser Schub ordentlich sehen lassen! Auch sonst hatte es die Blackbird für ihre Zeit in sich. Durch fließende Übergänge und Konturen auf der Außenhaut wurde versucht, die Radarrückstrahlfläche des Flugzeugs so weit wie möglich zu reduzieren, um dadurch feindlicher Flugabwehr zu entgehen. Die SR-71 war somit eines der ersten „Stealth-"(Tarnkappen-)Flugzeuge.

Die Jagd von Rekord zu Rekord

Zwischen dem 26. und 28. Juli 1976 brach die Blackbird schließlich den absoluten Geschwindigkeitsrekord für Flugzeuge, der bis heute Bestand hat: 3.529 km/h! Nebenbei stellte das Flugzeug noch einige andere Rekorde auf, so zum Beispiel den höchsten Horizontalflug eines

Die Blackbird wird in der Luft von einer Boeing KC-135Q Stratotanker betankt.

Die elegante Silhouette der SR-71A im Flug

Flugzeugs in 25.929 Metern Höhe. Eine SR-71A der NASA schaffte einige Jahre später, 1990, die schnellste USA-Überquerung. Bei einer Durchschnittsgeschwindigkeit von 3.500,7 km/h brauchte die Blackbird von Küste zu Küste gerade einmal 68 Minuten und 17 Sekunden. Auch die bis dato schnellste Überquerung des Atlantiks gelang der SR-71A – allerdings mit einer Luftbetankung. Bei durchschnittlich 2.925 km/h hüpfte die Blackbird in einer Stunde und 55 Minuten über den großen Teich. Das stellte sogar die Concorde in den Schatten, die alles andere als langsam war.

Das Ende der Ära Blackbird – Nachfolger in Sicht?

Leider endet jede Ära irgendwann einmal, und so wurde das SR-71-Programm offiziell im Jahre 1998 beendet. Einer der Hauptgründe dafür war der spezielle Treibstoff, den das Flugzeug benötigte, dessen Lagerung aufwendig und teuer war. Außerdem machten die enormen Fortschritte in der Satellitentechnik der Blackbird zu schaffen, da sie so natürlich auch ohne ein Radar leichter entdeckt werden konnte. Vor wenigen Jahren stellte Lockheed ein Konzept zu einem unbemannten Nachfolger vor: der SR-72. Laut diesem Konzept soll die SR-72 Geschwindigkeiten von bis zu Mach 6 erreichen. Das wäre ungefähr doppelt so schnell wie die Blackbird. Rekorde sind ja dazu da, gebrochen zu werden, oder nicht?

Voyager

Die erste Nonstop-Erdumrundung

10

In den Jahrzehnten nach Charles Lindbergh, den Brüdern Wright und Co wurden Pionierleistungen in der Luftfahrt immer seltener. Der Atlantik war überquert, der Jetantrieb erfunden und die Schallmauer längst durchbrochen. Doch es gab noch ein großes Ziel in der Luftfahrt, das bis 1986 unerreicht blieb: die Umrundung der Erde. Nonstop. Ohne nachzutanken! Dick Rutan und Jeana Yeager machten sich nach jahrelanger Vorbereitung am 14. Dezember 1986 auf den Weg in ein Abenteuer mit ungewissem Ausgang.

Die „fliegende Kerosinbombe"

Das Gefährt, mit dem sich die beiden in die Lüfte schwangen, war alles andere als ein Flugzeug mit gutmütigen Flugeigenschaften. Die Voyager war, um Kraftstoff zu sparen, bis in die Spitzen auf Leichtbau eingestellt. Pilot Rutan bezeichnete die Maschine, deren Cockpit-Innenraum gerade einmal 50 Zentimeter hoch war, als „fundamental unsicheres Flugzeug, eine fliegende Todesfalle". Dennoch gelang es den zwei Pionieren nach 9 Tagen, 3 Minuten und 44 Sekunden, sicher die Welt zu umrunden und auf der Edwards Air Force Base in Kalifornien zu landen. Sie hatten in dieser Zeit stolze 40.209 km zurückgelegt.

Die Voyager während eines Trainingsflugs

General Electric GE90

11

Das stärkste zivile Strahltriebwerk

In diesem Kapitel soll es um ein schönes Stück Ingenieurskunst gehen, dessen Sound beim Aufheulen das Herz eines jeden Luftfahrt-Enthusiasten höher schlagen lässt. Die Rede ist vom stärksten zivilen Strahltriebwerk der Luftfahrtgeschichte: dem General Electric GE90! Dieses Triebwerk wurde eigens – und ausschließlich – für die Boeing 777 entwickelt, ihres Zeichens das größte zweistrahlige Flugzeug. Um diesen Koloss anzutreiben, bietet dieses Triebwerk, wohlgemerkt pro Stück, eine Leistung von 513 kN, im Testbetrieb wurden sogar annähernd 569 kN erreicht. Weltrekord!

Nicht nur stark, sondern auch schön

Um diese Leistung etwas zu verdeutlichen: Ein einzelnes GE90 liefert annähernd so viel Schub wie alle acht Triebwerke der B-52. Die Triebwerksschaufeln des GE90 sind aus Kohlefasern gefertigt und an den Vorderkanten mit Titan verstärkt, um Erosion vorzubeugen. Die Form der Schaufeln ist geschwungen und ermöglicht, mit weniger Schaufeln mehr Luft in das Triebwerk zu ziehen. Manche behaupten sogar, dass eine dieser Triebwerksschaufeln den Madison Square Garden in nur einer Minute leer saugen könnte! Das macht es leiser und sparsamer als vorangegangene Modelle. Diese Form ist nicht nur funktional, sondern auch schön anzusehen: Das Museum of Modern Art in New York City stellt seit einigen Jahren eine Triebwerksschaufel des GE90 aus. Der Durchmesser der größten Variante des GE90 beträgt stolze 3,43 Meter. Zum Vergleich: Die Kabine einer Boeing 737 ist mit einem Durchmesser von 3,76 Meter nur unwesentlich größer.

Auch ein mächtiges GE90 braucht ab und zu mal Zuwendung!

Der längste Linienflug ...

Ultralangstrecken der Superlative

12

Der momentan längste regelmäßige Linienflug der Welt wird von Emirates angeboten. Seit März 2016 bedient die Airline aus den Vereinigten Arabischen Emiraten die Strecke Dubai–Panama City. In 17 Stunden und 35 Minuten bugsiert die Fluggesellschaft die Passagiere dabei 13.821 km weit in die panamaische Hauptstadt. Doch schon bald könnte der Titel des längsten Linienfluges an die Airline aus dem Nachbar-Emirat gehen! Qatar Airways plant die Strecke Doha–Auckland mit ins Programm zu nehmen. Die Distanz beträgt hier 14.538 km, wofür eine Flugzeit von ca. 18 Stunden und 30 Minuten anberaumt wird. Den Rekord für die bis heute längste Linienverbindung hält jedoch Singapore Airlines. Die Strecke New York–Singapur betrug hier stolze 15.345 km, wofür der eingesetzte Airbus A340-500 immerhin 18 Stunden und 50 Minuten brauchte. Diese Distanz brachte den Flugzeugtyp an seine Grenzen, weswegen aufgrund der Gewichtersparnis auf dieser Verbindung ausschließlich Business-Class-Plätze angeboten wurden, um das maximale Startgewicht bei voller Betankung nicht zu über-

Ready for Taxi: Eine Boeing 777 am Flughafen Istanbul

Ein Airbus A380-800 der Singapore Airlines nach dem Start

schreiten. Die Strecke wurde im Jahre 2013 aufgrund mangelnder Profitabilität eingestellt. Allerdings gibt es aus Kreisen der Fluggesellschaft Überlegungen, die Linie zum Jahr 2018 wieder aufzunehmen.

Sind solch extreme Langstrecken profitabel?

Die Rentabilität solcher Ultralangstrecken kann jedoch in Frage gestellt werden. Piloten dürfen maximal elf Stunden am Stück fliegen, weswegen bei solchen Flügen eine zweite Cockpit-Besatzung mitgenommen werden muss. Des Weiteren werden die Flugzeuge für solche Flüge vollgetankt. Das erhöht logischerweise das Gewicht, das mitgeschleppt werden muss, und folglich auch den Verbrauch. Neue, sparsamere Flugzeugmuster wie die Boeing 787 „Dreamliner“ und der Airbus A350 könnten Fluggesellschaften jedoch die Chance eröffnen, Strecken wie Singapur–New York wieder profitabel zu betreiben.

Der längste Non-Stop-Flug

Am 9. November 2005 stellte ein Prototyp der Boeing 777-200LR den Rekord für den längsten Non-Stop-Flug eines Passagierflugzeuges auf. Mit 35 Passagieren an Bord verließ die 777 Hongkong nach Osten und flog über den Pazifik, Nordamerika und den Atlantik 21.601 km weit nach London.

... und der kürzeste Linienflug!

Inselhüpfen in Schottland

13

Bei Flugzeiten jenseits der 12-Stunden-Marke kann man nur auf ein gutes Bordprogramm und eine schmackhafte Verpflegung hoffen und beten, dass der Sitznachbar nicht allzu rege ist oder einen nicht durch sonores Schnarchen um den Schlaf bringt. Doch es geht auch anders.

Zeit für ein wenig Inselhüpfen! Der kürzeste Linienflug der Welt wird in Europa angeboten, genauer gesagt im hohen Norden Schottlands. Hier verbindet die Regionalfluggesellschaft Loganair (die im Auftrag für FlyBe fliegt) die zwei Inseln Westray und Papa Westray, die gerade einmal 2,73 km auseinanderliegen und zu den Orkney-Inseln gehören. Zum Vergleich: Der Runway am Flughafen der schottischen Hauptstadt Edinburgh ist mit circa 2,56 km fast so lang wie diese komplette Flugstrecke! Die von Loganair eingesetzte Britten-Norman BN-2 Islander braucht für diesen kleinen Sprung – vorausgesetzt der Wind bläst ordentlich von hinten – gerade einmal 47 Sekunden.

Frontalansicht einer Britten-Norman BN-2 Islander, die auch von der Loganair eingesetzt wird.

Die Start- und Landeeigenschaften der „Islander" sind bei Inselhüpfern beliebt.

Ein Flug als Touristenmagnet

Ein solcher Flug zieht natürlich nicht nur die 560 Bewohner von Westray und die 65 Bewohner von Papa Westray an, sondern auch Luftfahrtenthusiasten und Touristen, für die es ein von der Fluggesellschaft eigens geschnürtes „World's Shortest Scheduled Flight"-Paket zu kaufen gibt. Dieses Paket enthält einen Flug vom schottischen Kirkwall nach Westray, von dort aus geht es zum kurzen Flug nach Papa Westray und zurück, und schlussendlich wieder nach Kirkwall. Nach diesem insgesamt rund 45 Minuten langen Trip erhält der Passagier ein Zertifikat und eine kleine Flasche Scotch! Neben Touristen machen einen Hauptteil der Passagiere auch Lehrer und ihre Schulklassen aus, da Papa Westray über 60 archäologische Sehenswürdigkeiten zu bieten hat. Den Rekord für die meisten Flüge zwischen diesen beiden Flughäfen hält ein Pilot namens Stuart Linklater. 12.000-mal saß er zwischen den Inseln am Steuer, bis er 2013 in seinen wohlverdienten Ruhestand eintrat.

I am sailing!

14

Der längste Flug mit einem Segelflugzeug

Kaum eine andere Art zu fliegen ist entspannender als die Segelfliegerei. Es gibt keinen festen einzuhaltenden Flugplan, kein störendes Motorengeräusch – man gleitet einfach vor sich hin. Da ja der Motor zum Antrieb nicht vorhanden ist, könnte man meinen, dass das Segelfliegen ein recht kurzes Vergnügen ist. Aber weit gefehlt. Bei gutem Flugwetter können sich die „Vögel" stundenlang in der Luft halten. Bereits zu den Anfängen der Segelfliegerei war den Piloten klar, dass sie vor allem eins wollten: Immer länger in der Luft bleiben. Das war mit den frühen Modellen wirklich noch ein regelrechtes Kunststück. Während heutige Segelflugzeuge enormen Auftrieb erzeugen und es fast schwerer ist, diesen zu zerstören als ihn zu erhalten, waren die ersten ihrer Art aerodynamisch nicht wirklich günstig konstruiert. Rasch lernten die Piloten, sogenannte Thermiken (also Aufwinde) zu finden und für sich zu nutzen. Diese Thermiken treten zum Beispiel an Berghängen recht häufig auf. Und in der Folge waren nun bereits in den 1950er-Jahren auf einmal Zeiten von mehr als 20 Stunden in der Luft keine Seltenheit mehr.

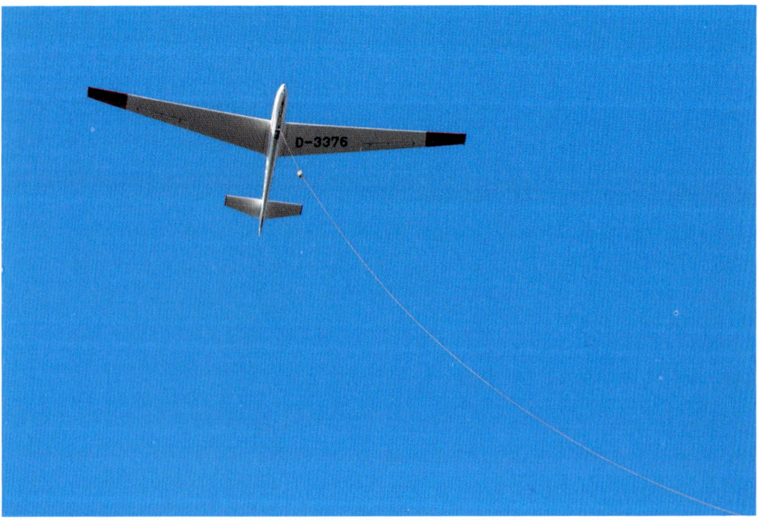

Ein Segelflugzeug wird mithilfe einer Seilwinde in den Himmel bugsiert.

Ein Segler nach der Landung am Flugplatz Straußberg

Lange Segelflüge – eine Frage der Ausdauer

Die Flugzeuge wurden immer ausgefeilter und schon bald stellte man fest, dass Rekorde dieser Art weniger vom fliegerischen Geschick des Piloten und der Konstruktion des Segelfliegers, als vielmehr von der Ausdauer des Steuerers abhingen. Das barg einige Gefahren. Es ereigneten sich etliche Unfälle, die darauf zurückzuführen waren, dass der Pilot am Steuer einschlief. Deswegen beschloss die FAI (Fédération Aéronautique Internationale, internationaler Dachverband des Luftsports), diese Längenrekorde nicht mehr auszuschreiben.

Am 2. April 1952 führte ein französischer Pilot namens Charles Atger den bis heute längsten Segelflug der Geschichte durch: Sage und schreibe 56 Stunden lang segelte er durch die Lüfte, ohne eine einzige Zwischenlandung einzulegen.

Segelfliegen lernen

Will man sich einmal selbst in die Lüfte begeben, so ist das Segelfliegen ein guter (und relativ günstiger) Einstieg in die Luftfahrt. In jeder größeren Stadt gibt es Vereine, die entsprechende Kurse anbieten.

16 Notlandung auf den Azoren

Der längste Gleitflug eines Jetflugzeugs

Manchmal werden auch Jets unfreiwillig zu Segelflugzeugen – zum Beispiel, wenn beide Triebwerke ausfallen. Genau das geschah bei einem Airbus A330-200 der kanadischen Fluggesellschaft Air Transat, die über dem Atlantik auf dem Weg von Toronto nach Lissabon war. Bodentechniker hatten bei der Wartung des rechten Triebwerks der Maschine einen Fehler begangen: Dieser Fehler bestand darin, dass ein wichtiges Bauteil in der Hydraulik nicht installiert wurde. Das führte im Flug zu starken Vibrationen in der Hydraulikleitung und zu einem starken Abrieb an der Treibstoffleitung. Durch diesen Abrieb entstand schließlich, mitten über dem Ozean, ein Leck in dieser Leitung – das Kerosin lief aus! Ein Alarm ertönte im Cockpit. Dieser Alarm deutete jedoch nicht primär auf ein Leck in der Treibstoffleitung hin, weswegen die Piloten den Alarm zunächst auch als Fehlalarm abtaten. Nach einiger Zeit ertönte das Signal jedoch dauerhaft, also entschieden die Piloten, das Flugzeug für eine Notlandung auf dem Luftwaffenstützpunkt Lajes auf den Azoren auszurichten.

Vom Düsenflugzeug zum Segelflieger in 13 Minuten

Natürlich führt ein einseitiges Leck in der Treibstoffleitung dazu, dass ein Ungleichgewicht zwischen den Kraftstofftanks in der rechten und linken Tragfläche auftritt. Die Besatzung wusste ja immer noch nicht, dass ihnen

Ein Airbus A310 der kanadischen Air Transat in Toronto

Hier sieht man die Maschine, der beide Motoren flöten gingen!

das Kerosin „davonlief", weswegen sie durch umpumpen versuchten, das Ungleichgewicht zu beheben. Das einzige Ergebnis davon war jedoch, dass das Kerosin noch schneller austrat – 28 Minuten nach der Kursänderung fiel das rechte Triebwerk Nummer 2 aus. Das linke Triebwerk wurde daraufhin auf die Maximalleistung gebracht und ein Sinkflug auf 30.000 Fuß eingeleitet. Doch 13 Minuten später fiel auch dieser Motor aus. So musste also der Gleitflug eingeleitet werden. Wie im A320-Kapitel noch genauer erklärt werden wird, besitzen alle Airbus-Flugzeuge ab der A320-Familie ein sogenanntes „Fly-by-Wire"-System – so natürlich auch der A330-200. Ohne die Triebwerke verliert das Flugzeug den Vortrieb und die Stromversorgung, die nötig ist, um wesentliche Hydraulikelemente (und somit Steuerflächen) und Bordinstrumente funktionsfähig zu erhalten. Für diesen Fall gibt es eine spezielle Staudruckturbine, die die Versorgung des Flugzeugs mit Notstrom gewährleistet.

Erfolgreiche Landung nach 19 Minuten ohne Schub

Gottseidank war die Höhe ausreichend, um den Flughafen bei einer Sinkrate von 2.000 Fuß pro Minute (ca. 10 Meter pro Sekunde) zu erreichen. Die Geschwindigkeit bei der Landung betrug 370 km/h, was zwar äußerst schnell, aber nötig ist, um auch mit nicht voll ausgefahrenen Auftriebshilfen sicher zu landen. Diese Geschwindigkeit macht das Bremsen natürlich zu einer Herausforderung, aufgrund des Triebwerksausfalls stand zudem nur das Notbremssystem ohne ABS bereit – alle Reifen des Hauptfahrwerks platzten. Trotzdem konnte die Maschine sicher zum Stehen gebracht werden. Ganz nebenbei gelang der Crew mit 19 Minuten und 120 zurückgelegten Kilometern der längste Gleitflug eines Strahlflugzeugs in der Geschichte der Luftfahrt. Die Piloten retteten damit das Leben etlicher Passagiere. Für diese Leistung wurden sie 2002 mit dem Superior Airmanship Award ausgezeichnet.

Die Douglas DC-3

Eine Legende der Luftfahrt

17

16.079 Stück: Kein Passagier- oder Transportflugzeug in der Luftfahrtgeschichte verkaufte sich besser als der sogenannte „Rosinenbomber“ – die Douglas DC-3. Von 1936 bis 1945 produzierte die Douglas Aircraft Company (die später in der McDonnell Douglas Corporation aufging, diese wiederum wurde 1997 von Boeing geschluckt) diesen Verkaufsschlager. Der große Erfolg hatte gute Gründe. Die DC-3 erwies sich als ein äußerst robustes, sicheres und vor allem wirtschaftliches Flugzeug. Bei einer Länge von 19,66 Metern, einer Spannweite von nahezu 30 Metern und einem maximalen Abfluggewicht von bis zu 13.190 kg verbrauchte die Douglas lediglich 300 Liter Kerosin pro Flugstunde – für ihre Zeit ein Spitzenwert! Über 500.000 Nieten hielten das Flugzeug zusammen.

Robustheit für das Militär

Die Konstrukteure der DC-3 hatten ursprünglich im Sinn, das Flugzeug mit Liegen zu bestücken, um den Passagieren zu ermöglichen, an Bord zu schlafen. Das war ökonomisch allerdings wenig sinnvoll, deswegen

Eine DC-3 in den traditionellen Farben der niederländischen KLM

Ein „Rosinenbomber" über dem „Boeing-Flughafen" Paine Field, Everett

stieß diese Idee auf wenig Gegenliebe bei den Fluggesellschaften. So bestückte Douglas die DC-3 mit 25–35 Sitzen und die „Dakota" (wie sie später von der British Royal Air Force getauft wurde) wurde ein großer Erfolg. Die Robustheit und Sicherheit der „Dakota" wurde auch vom Militär geschätzt. Ab 1941 zog die DC-3 also in den Zweiten Weltkrieg und diente als Truppentransporter, Schlepp- und Sanitätsflugzeug.

Der Aufstieg des „Rosinenbombers"

Als der Krieg 1945 zu Ende war, verkaufte die US Air Force einen großen Teil ihrer DC-3-Flotte an zivile Luftfahrtunternehmen. Damit spielte das Flugzeug eine große Rolle in der rasanten Entwicklung der zivilen Luftfahrt in den Nachkriegsjahren. Den Deutschen sollte die DC-3 besonders als „Rosinenbomber" während der Berliner Luftbrücke in Erinnerung bleiben. Zur Zeit der Berlinblockade bildete die DC-3 einen wichtigen Teil der Luftversorgungskette. Der Name geht auf den amerikanischen Piloten Gail Halvorsen zurück, der Schokoriegel und Kaugummis an kleine Taschentuch-Fallschirme band und diese wartenden Kindern aus dem Flugzeug zuwarf. Heute kurven noch geschätzte 300–1.000 „Dakotas" durch die Lüfte – in Europa befinden sich davon aber leider nur noch 25.

Boeing

Der größte Luft- und Raumfahrtkonzern

18

William Edward Boeing, ein amerikanischer Ingenieur und Sohn des Auswanderers und Bergbauingenieurs Wilhelm Böing, kaufte sich als junger Mann direkt nach dem Erwerb seines Flugscheins sein erstes Flugzeug. Aus Unzufriedenheit damit beschloss er kurzerhand mit einem Freund, ein eigenes Wasserflugzeug zu bauen. Das B&W Seaplane, das im Wesentlichen aus Holz, Leinen und Draht bestand, hob zum ersten Mal im Jahre 1916 ab. Kurz darauf gründete Boeing am 15. Juli 1916 die Pacific Aero Products Company, die er ein Jahr später in Boeing Aeroplane Company umtaufte. Der Grundstein für eine Firma, die einmal der größte Hersteller für zivile und Militärflugzeuge werden sollte, war gelegt. 1926 begann Boeing, sich in einem anderen Geschäftsfeld zu betätigen, nämlich der Postfliegerei. Dafür wurde eigens eine Tochtergesellschaft namens Boeing Air Transport gegründet, die sich in den folgenden Jahren als äußerst ertragreich herausstellte. 1934 wurde allerdings im Rahmen des Air Mail Skandals bekannt, dass es bei der Ausschreibung von Aufträgen für die Firma nicht so ganz mit rechten Dingen zuging. Die Gesellschaft wurde zerschlagen.

Eine zum Privatjet umgerüstete Boeing 727 im Endanflug auf Köln

Diese 727 nennt der finnisch-kanadische Unternehmer Peter Nygård sein Eigen.

Aus einem der Reste dieser Unternehmensgruppe stieg übrigens die noch heute fliegende United Air Lines (heute Airlines) hervor. In den 1930er-Jahren produzierte Boeing mit der 247 eines der ersten modernen Passagierflugzeuge. Im Zweiten Weltkrieg avancierte der Hersteller zu einem der erfolgreichsten und größten Lieferanten von Kampf- und Bomberflugzeugen. Im Kalten Krieg konnte diese Stellung durch die Einführung der erfolgreichen B-47 und B-52 weiter gefestigt werden.

Der zivile Durchbruch nach militärischen Anfängen

Der zivile Durchbruch der Firma aus (damals noch) Seattle sollte ab 1957 mit der Einführung der Boeing 707 erfolgen. Die 707 revolutionierte zusammen mit der Douglas DC-8 die zivile Luftfahrt und läutete das Jet-Zeitalter ein. Auch die folgende Boeing 727, ein dreistrahliges Flugzeug, trug einen großen Teil dazu bei, dass sich der Strahlantrieb auch auf der Kurzstrecke etablierte. Im Laufe der Jahrzehnte sollten immer wieder wegweisende Modelle wie die Boeing 747, 737 und zuletzt auch die Boeing 777 und 787 folgen. Die Boeing 777 war in den 1990er-Jahren das erste zivile Flugzeug, das komplett am Computer designed wurde. Heute hat The Boeing Company seinen Sitz nicht mehr am Pazifik in Seattle, sondern in Chicago, Illinois. Zusammen mit Airbus bildet der Hersteller aus den USA das „Duopol“ für Großraumflugzeuge. 2015 konnte Boeing insgesamt 762 Flugzeuge an seine Kunden ausliefern. Das stellt den bisherigen Rekord der Firma dar.

Die Boeing 737

Boeings „Brot-und-Butter"-Flugzeug

19

Der Erstflug der Ur-Version, der Boeing 737-100, datiert zurück auf den 9. April 1967. Mittlerweile wird der Flugzeugtyp in der vierten Generation gefertigt und hat sich, zumindest äußerlich, in diesen fünf Jahrzehnten kaum verändert. Doch der Reihe nach. Bereits in den frühen 1960er-Jahren spielte Boeing aufgrund des Erfolgs von Düsenjets wie der BAC 1-11 oder der Douglas DC-9 mit dem Gedanken, in diesen neuen Markt für Kurzstreckenflugzeuge mit Jet-Antrieb einzusteigen, in dem regelrechte Goldgräberstimmung herrschte. Auf Druck der Lufthansa, ihres Zeichens weltweiter Erstkunde des Programms, startete die Entwicklung 1965 offiziell, da die Kranich-Airline dringend ein wirtschaftliches Flugzeug für ihr Europanetz suchte. Um die Konstruktion zu vereinfachen, übernahm Boeing viele Elemente für die 737 von ihren bewährten Flugzeugen, dem Langstreckenjet 707 und der dreistrahligen 727.

Erstkunde Lufthansa

Der Rumpf der 737 ist so zwar kürzer, aber ansonsten völlig identisch. 1967 startete die erste 737-100 zu ihrem Jungfernflug. Ein Jahr später erhielt die Lufthansa ihr erstes Exemplar. Die 737-100 schien jedoch zunächst einen Fehlstart hinzulegen: Lediglich 30 Exemplare wurden gebaut, 22 gingen in die Hände der Lufthansa. Das änderte sich mit der verbesserten 737-200, die ein höheres Abfluggewicht und stärkere, effizientere Triebwerke erhielt. Dieser Typ wurde bis 1988 entwickelt und ging in dieser

Ein „Bobby" der rumänischen Blue Air am Flughafen Köln/Bonn

Hier „tuckert" eine Boeing 737-700 dem Start entgegen.

Zeit ganze 1.100-mal „über die Theke". Doch in den Zeiten der Ölkrise, um das Jahr 1970 herum, wurden nur noch wenige Maschinen neu bestellt. Boeing erwog sogar den drastischen Schnitt, das 737-Programm an Japan zu verkaufen. Man entschied sich jedoch anders. Anfang der 1980er-Jahre wurde die Boeing 737 modernisiert und bekam neue, viel sparsamere Triebwerke. Die Boeing 737-300/400/500 (737er dieser Generation werden auch 737 „Classic" oder „Bobby" genannt) erhielten außerdem ein Cockpit, das zum Teil mit Bildschirmen bestückt war, um manche der Uhreninstrumente zu ersetzen.

Konkurrenz aus Europa und die „Next Generation"

Ende der 1980er-Jahre war erstmals ein ernster Konkurrent für die Boeing 737 am Horizont auszumachen. Dieser Konkurrent kam aus Europa und nannte sich „Airbus A320". Er war weitaus moderner und effizienter als die 737 Classics. Das veranlasste die Amerikaner dazu, ihre 737 abermals zu modernisieren: Das Ergebnis waren die 737-600/700/800/900 „Next Generation". Diese erhielten komplett überarbeitete Tragflächen mit Winglets, die den Spritverbrauch senkten, neue und sparsamere CFM56-Triebwerke und vor allem eine dem Stand der Technik angepasste Avionik mit Glas-Cockpit.

50 Jahre 737 – und noch kein Ende in Sicht. Im Januar 2016 absolvierte die 737 MAX 8 ihren Erstflug. Dieser Flugzeugtyp (Teil der neuen MAX-Familie) ist eine Antwort auf das Airbus A320neo-Programm und erhielt neue Triebwerke mit einem hohen Nebenstromverhältnis, um den Verbrauch und die Lärmemissionen weiter zu reduzieren, sowie ein „Fly-by-Wire"-System.

Die Boeing 747

20

Das Flugzeug, das die Welt veränderte

747 – diese drei Zahlen sind wohl jedem Luftfahrt-Enthusiasten seit Kindheitstagen ein Begriff und weckten Sehnsüchte nach der großen weiten Welt. Die „Königin der Lüfte", wie die Boeing 747 auch liebevoll genannt wird, hat die Welt der zivilen kommerziellen Luftfahrt seit ihrem Erstflug am 9. Februar 1969 nachhaltig verändert.

Doch der Reihe nach. Ursprünglich beteiligte sich der amerikanische Flugzeugbauer Boeing im Laufe der 1960er-Jahre an einer Ausschreibung für ein neues großes Transportflugzeug für die US Air Force. Diesen Wettbewerb verlor man jedoch gegen Lockheed, die mit ihrer C-5 Galaxy das damals größte Flugzeug der Welt bauten (noch heute fliegen von diesem Muster ungefähr 73 Exemplare).

„Wenn Sie es bauen, dann kaufe ich es!"

Noch bevor diese Ausschreibung verloren ging, wandte sich Juan Trippe, der charismatische damalige CEO von Pan Am, an William Allen, den Chef von Boeing. Er hatte den Wunsch nach einem Passagierflugzeug, das die Boeing 707, ihres Zeichens damals größtes ziviles Verkehrsflugzeug, in den Schatten stellen sollte: Die Kapazität sollte sich verdoppeln! Der darauffolgende Dialog hat heute Kultstatus. Juan Trippe: „Wenn Sie es bauen, dann kaufe ich es." William Allen: „Wenn Sie es kaufen, dann baue ich es."

So bestellte Pan Am also 25 Exemplare des künftigen Giganten. Die Konstruktion stellte die Boeing-Ingenieure vor enorme technische Herausforderungen, da ein vergleichbares ziviles Flugzeug von solch einer schieren Größe bisher nicht existierte. Lag die maximale Startmasse bei der 707-300 bei ungefähr 150 Tonnen, so sollte sie bei der 747-100 bei ganzen 333 Tonnen liegen! Um dieser Größe gerecht zu werden, baute der Flugzeughersteller das Boeing-Werk Everett, Washington – das bis heute größte Gebäude der Welt!

Wozu eigentlich der Buckel der 747?

Doch woher kommt eigentlich der charakteristische Buckel der Boeing 747? In den späten 1960ern ging man davon aus, dass die Zukunft der Passagierluftfahrt den Überschall-Jets gehörte. Deswegen

Eine majestätische Boeing 747-400F der UPS schwebt am Flughafen Köln/Bonn ein.

verfolgte man das Ziel, den Jumbo leicht zum Frachter umrüsten zu können. Daher wurden das Cockpit und eine kleinere Passagierkabine in das Oberdeck verlegt. So konnte die Nase der 747 bei den Frachtversionen zu einem hochklappbaren Bugtor umfunktioniert werden, um die Maschine bequem von vorne beladen zu können. Bis heute wurden über 1.500 Jumbojets an Kunden in aller Welt ausgeliefert. Die hohe Sitzplatzanzahl ermöglichte es Fluggesellschaften, ihre Langstreckentickets günstiger anzubieten. Das machte Flugreisen für eine viel breitere Masse erschwinglich. Die neuste Version, die 747-8i, ist mit 76,3 Metern das längste Passagierflugzeug der Welt und wiegt vollbeladen 447 Tonnen! Übrigens: Der Rumpf der 747-8 ist mehr als doppelt so lang wie der erste Motorflug der Gebrüder Wright.

Langsamer Abschied von der Königin der Lüfte

Am 30. August 2016 starb der „Vater" der Boeing 747, der Flugzeugingenieur Joe Sutter. Ab 1965 war Sutter der Chefentwickler des ersten „Jumbojets". Auch der Stern dieser „Königin der Lüfte" sinkt leider langsam, aber sicher angesichts der Tatsache, dass große zweistrahlige Jets, wie zum Beispiel die hauseigene Boeing 777, für die Fluggesellschaften schlicht operativ günstiger sind. Für die neue Boeing 747-8 liegen deswegen noch kaum Bestellungen vor. In der Konsequenz drosselte Boeing unlängst die Produktion des Jumbos. Nun verlässt nur noch alle zwei Monate eine neue 747 das Werk in Everett.

Die neue Generation

21 Die Boeing 787 „Dreamliner"

Boeing entwickelte die 787 von Grund auf neu, mit einer gewagten Ambition: den Treibstoffverbrauch im Vergleich zu bisherigen Flugzeugen von ähnlicher Größe drastisch zu senken und den Passagierkomfort in der Kabine merklich zu erhöhen. Sie wurde als Nachfolger für die nunmehr doch etwas betagte Boeing 767 entworfen. Sie fasst, je nach Konfiguration und Modell, 200–300 Passagiere, ist also perfekt geeignet für Langstrecken abseits der Mega-Hubs, die eine etwas geringere Nachfrage haben und trotzdem bedient werden wollen. Das Besondere: Die 787 ist das erste Großraumflugzeug, das zu einem großem Teil aus dem modernen und im Vergleich zu Aluminium leichteren und festeren Material Kohlefaser besteht.

Steigende Kerosinpreise und Wunsch nach Effizienz

In den Jahren nach dem 11. September 2001 stiegen die Ölpreise und damit auch der Preis für Kraftstoff rapide an. Das machte ein anderes Modell, das Boeing geplant hatte, unattraktiv. Bei diesem Modell handelte es sich um den „Sonic Cruiser", der eine Reisegeschwindigkeit nur knapp unter der Schallmauer haben sollte und damit eine leichte Zeitersparnis versprach. Dieser Zeitvorteil wäre aber im Vergleich zu den Operationskosten recht gering gewesen. Also strich Boeing das Sonic-Cruiser-Programm zugunsten eines Flugzeuges, das zuerst „7E7" genannt wurde – das „E" stand hierbei für Efficient. Man sah die Zukunft nämlich nicht mehr in gigantischen Großraumlangstreckenflugzeugen wie der eigenen 747 oder dem A380, sondern in etwas kleineren Ultralangstreckenflugzeugen, die auch nachfrageschwächere Langstrecken profitabel bedienen können. Das offiziell erklärte Ziel von Boeing war es, die 787 im Betrieb 8–9% günstiger zu gestalten als die Boeing 767-300ER.

Seitenansicht eines Rolls-Royce Trent 1000, das den Dreamliner antreibt

Der Dreamliner – ein unpünktlicher Kassenschlager

2007, zwei Jahre vor dem Erstflug der 787, lagen dem Konstrukteur bereits 500 Vorbestellungen vor. Nie zuvor erreichte ein ziviles Flugzeug ein solch gutes Vorverkaufsergebnis! Unter den technischen Neuerungen, die die Boeing 787 effizienter und leiser machten, finden sich auch neue Triebwerkstypen wie das Trent 1000 von Rolls-Royce oder das GEnx von General Electric, geringeres Gewicht durch den Einsatz von Verbundmaterialien beim Bau, verbesserte Aerodynamik durch eine komplette Neuentwicklung der Zelle und der Tragflächen sowie ein geringerer Verbrauch durch die Triebwerke. Was die Boeing 787 für den Passagier zum „Dreamliner" machen sollte, sind unter anderem die Fenster, die mit fast 50 Zentimetern Höhe und 28 Zentimetern Breite sehr groß sind. Das erlaubt auch Passagieren auf dem Mittelsitz einen guten Blick nach draußen! Außerdem lassen sich die Fenster elektronisch abdunkeln. Die Kabinenbeleuchtung lässt sich in der Helligkeit und Farbe durch LEDs anpassen und – das ist vielleicht am wichtigsten – der Kabinendruck und die Luftfeuchtigkeit an Bord sind höher, was das Reisen ungleich angenehmer macht.

Leider machten diverse Probleme bei der Konstruktion den ursprünglichen Zeitplan zunichte, sodass die erste Boeing 787-8 erst am 25. September 2011 an den Erstkunden All Nippon Airways aus Japan ausgeliefert werden konnte, mit einer Verzögerung von 3,5 Jahren. Noch einmal genau einen Monat und einen Tag später konnte das Flugzeug dann endlich von der Fluggesellschaft in Betrieb genommen werden.

Eine 787 „Dash Nine" der Etihad beim Start in Düsseldorf

AWACS

22

Ein Teller auf dem Dach – die Boeing E-3

AWACS: Diese Abkürzung steht für „Airborne Early Warning and Control System". AWACS kann man sich auch als eine Art fliegendes Radar vorstellen. Es dient der Früherkennung von potenziellen Gefahren aus der Luft – AWACS ist gleichzeitig auch der Name der Luftaufklärungsflotte der NATO. Diese Flotte besteht aus speziellen Boeing 707, die den Namen Boeing E-3 Sentry tragen und ein pilzförmiges Radar von neun Metern Durchmesser besitzen, das auf dem Rumpf montiert ist. Ende der 1970er-Jahre merkten die NATO-Staaten, dass eine Luftraumverteidigung allein mit bodengestützten Radars aufgrund von Hindernissen und der Erdkrümmung nur noch schwer möglich war, da tieffliegende Flugzeuge die Radarwellen einfach „unterfliegen" und ihnen damit entgehen konnten.

Das fliegende Radar der NATO

Deswegen beschloss man die Einführung des AWACS; bereits seit 1977 flog das erste entsprechende Flugzeug in den USA, 1982 fand der erste Einsatz auf deutschem Boden statt. Alle 17 Maschinen der NATO besitzen luxemburgische Luftfahrzeugkennzeichen und sind auf der Air Base Geilenkirchen bei Aachen stationiert. Gewartet wird die Flotte im Werk der

Seitenansicht einer Boeing E-3 am Flughafen Geilenkirchen

Eine AWACS-Maschine im Endanflug in der Abendsonne

Airbus Group bei Manching. Im Rahmen eines sogenannten NATO-Mid-Term-Programmes soll die 17 Flugzeuge starke Flotte umfassend modernisiert werden. So wird das Cockpit ein Upgrade erhalten und mit moderner Avionik ausgerüstet und das bordinterne Rechnersystem erneuert. Eine Erneuerung der Triebwerke (die eigentlich veraltet und zu laut sind, die E-3 fliegt deswegen zum Teil mit einer Ausnahmeregelung) scheiterte bisher am Widerstand einiger Mitgliedsstaaten, die sich nicht an der Finanzierung beteiligen wollten.

Andere AWACS-Flugzeuge

Natürlich ist die Boeing E-3, die wir hier kennengelernt haben, nicht das einzige AWACS. Auch andere Länder verfügen über ähnlich ausgerüstete Flugzeuge. So setzen zum Beispiel China, Russland und Indien ein auf der Iljuschin IL-76 basierendes Flugzeug als AWACS ein, das sich Berijew A-50 Schmel nennt. Japan setzt auf Boeing und unterhält eine Boeing E-767, die, wie der Name schon ahnen lässt, auf der 767 basiert. Auch Turboprops werden als AWACS eingesetzt. Die USA, Ägypten, Frankreich, Japan, Mexiko, Singapur und Taiwan setzten u.a. die Grumman E-2 „Hawkeye“ ein.

Airbus

23

Ein europäisches Gemeinschaftsprojekt

Bis in die 1970er-Jahre dominierten amerikanische Flugzeughersteller wie McDonnell Douglas, Lockheed und allen voran Boeing den Markt für Großraumflugzeuge, bis sich im Jahr 1970 ein europäisches Konsortium anschickte, diese Dominanz zu brechen: Airbus! Airbus wurde ursprünglich als gemeinschaftliches Projekt der deutschen Daimler-Benz Aerospace und Aérospatiale ins Leben gerufen. Vier Jahre später stieß das spanische Konstrukteursbüro Construcciones Aeronáuticas mit dazu. 1979 entschied sich schließlich auch die British Aerospace, mit ins Airbus-Boot zu steigen. Jedes Land übernahm die Verantwortung für einen bestimmten Teil der Produktion. Seit 1972 produzierte Airbus schließlich das erste zweistrahlige Großraumflugzeug der Welt: den Airbus A300. 1987 folgte der erste wahre Meilenstein in der Geschichte des noch jungen Konzerns: Der erste Flug des Airbus A320! Es folgten weitere Modelle wie die Langstreckenflugzeuge A330/A340. Auf viele dieser Flugzeugmodelle wird in den folgenden Kapiteln noch genauer eingegangen werden.

Im riesigen Frachtraum des Beluga werden z. B. Flugzeugteile transportiert.

Das kleinste Mitglied der Airbusfamilie: der A318!

Umstrukturierung und Diversifizierung

2001 strukturierte sich der stark gewachsene Konzern entscheidend um, um die Produktion zu straffen und zu „integrieren". Die verschiedenen Flugzeugteile wurden zu diesem Zeitpunkt schon an 16 Standorten produziert! Die im Jahr 2000 aus der Taufe gehobene European Aeronautic Defence and Space (EADS), ein Rüstungs-, Luft- und Raumfahrtkonzern aus Deutschland, Frankreich und Spanien, hielt ab sofort 80% der Anteile von Airbus. Die restlichen 20% fielen auf BEA Systems, dem Nachfolger von British Aerospace (dieser Konzern veräußerte seine Anteile allerdings 2006). 2004 wurde schließlich das erreicht, wovon man in den 1970er-Jahren wohl nicht zu träumen gewagt hätte: Airbus verkaufte zum ersten Mal mehr Flugzeuge pro Jahr als der Erzrivale Boeing. Im gleichen Jahr begann die Endmontage des ersten A380-Prototypen, der der Boeing 747 ihren Titel als größtes Passagierflugzeug der Welt streitig machte. 2014 benannte sich die EADS in Airbus Group um. Für die Zukunft ist der Hersteller im Wettbewerb bestens gerüstet. Ende des Jahres 2016 konnte Airbus das zehntausendste Flugzeug, einen A350-900, an Singapore Airlines ausliefern. Insgesamt liegen Airbus mehr als 16.000 Bestellungen vor.

Der Airbus A300

Die beste Boeing, die Airbus gebaut hat

24

Jeder Flugzeughersteller muss einmal anfangen. Das tat Airbus mit dem A300, das erste Großraumflugzeug mit nur zwei Triebwerken in der Geschichte der Luftfahrt. Mit dem A300 wollte das noch junge Unternehmen Anfang der 1970er-Jahre eine Marktnische für sich beanspruchen, denn bisher existierte kein Großraumflugzeug für 250-300 Passagiere auf nachfragestarken Kurz- und Mittelstrecken. Doch wie fing die Geschichte an? Ende der 1960er-Jahre war American Airlines auf der Suche nach einer deutlich größeren Ergänzung zur Boeing 727, mit der jedoch die Nutzung der gleichen, normal großen Flughäfen möglich blieb. 1967 beschlossen die deutsche, französische und englische Regierung, die amerikanische Dominanz im Flugzeugbau zu brechen (wie im vorhergehenden Kapitel beschrieben). Airbus wurde gegründet. Die Überlegungen von American Airlines wurden in der Folge aufgegriffen: Das Konzept für das erste Flugzeug des neuen Herstellers führte zu einem zweistrahligen Passagierflugzeug mit 300 Sitzen, die namengebend für das Modell wurden: A300.

Das erste zweistrahlige Großraumflugzeug weltweit

Früh war klar, dass dieser Flugzeugtyp noch kein Langstreckenmuster wurde. Damals durften aus Sicherheitsgründen Überflüge des Atlantiks nur von Typen mit drei oder mehr Triebwerken durchgeführt werden.

Ein als Frachter eingesetzter A300 der EgyptAir Cargo

Ein Airbus A300-600R der Iran Air

Deswegen wurde der A300 speziell für die Bedienung von mittleren bis kürzeren Strecken entwickelt. Wenig später merkte man, dass nur zwei Triebwerke für ein Flugzeug mit 300 Passagieren etwas hoch gegriffen waren; man verkürzte den Entwurf etwas. Heraus kam ein Flugzeug für 250 Passagiere. Der Name änderte sich jedoch nicht. Ende Oktober 1972 konnte der erste Prototyp erfolgreich den Boden verlassen und seine ersten Testrunden drehen. 1974 folgte die Zulassung und Auslieferung an die Air France. Zunächst verlief der Verkauf nicht wie erhofft. Abgesehen von den Airlines der Mitgliederstaaten von Airbus blieb die Auftragslage mau.

Erfolg in den Vereinigten Staaten von Amerika

Das änderte sich Mitte der 1970er-Jahre, als Airbus der amerikanischen Easter Air Lines für den Kauf des neuen Modells einen kostenlosen 6-Monate-vor-Ort-Service anbot – das schlug ein: Die Airline bestellte 23 Stück. Der erste nichtstaatliche Kunde war gewonnen. American Airlines wurde daraufhin sogar bis heute größter Kunde des A300. Eine europäische Erfolgsstory nahm ihren Lauf. Bis 2002 wurde die Passagiervariante des Airbus A300 gebaut. Zu dieser Zeit hatte er sich bis zur Version 600 gemausert, die über ein etwas moderneres Cockpit samt Flight Management System (FMS, dazu später mehr) und einige Bildschirme verfügte. Die Frachtversion, der A300F4-600R, wurde noch bis 2007 gebaut, als das letzte Exemplar an FedEx übergeben wurde. Anders als der A320 und die folgenden Modelle, besaß der A300 noch kein „Fly-by-Wire" und ein klassisches Steuerhorn. Manche nennen das Modell deswegen auch scherzhaft die „beste Boeing, die Airbus je gebaut hat".

Der Airbus A310

Eine kleine Revolution

25

Schon bald nach der Einführung sehnten sich einige Airlines nach einem Flugzeug mit einer etwas kleineren Kapazität sowie einer dafür erhöhten Leistung und vor allem Reichweite. Aus diesem Wunsch entstand der Airbus A310. Der Rumpf und das Äußere ähnelten dem A300 stark. Dieses Flugzeug war lediglich kürzer, es wurde technisch weiterentwickelt und für Mittel- und Langstreckenflüge ausgelegt. Die technischen Änderungen im Inneren der Maschine stellten für die damalige Zeit allerdings eine kleine Revolution dar. Statt für drei Personen, also zwei Piloten und einen Flugingenieur, war das Cockpit des A310 nur für zwei Personen ausgelegt. Ermöglicht wurde dies durch die Einführung eines EFIS-Cockpits (das soll in einem späteren Kapitel erklärt werden) und einer neuen Logik des dunklen Cockpits: Leuchtet keine Lampe, arbeiten alle Systeme normal.

Eine neue Cockpit-Philosophie

Lediglich bei Fehlern wurden die Piloten durch Warnleuchten oder akustische Signale informiert. Dies führte insgesamt zu einer immensen Arbeitserleichterung. Neu war außerdem, dass das Cockpit die Piloten warnte, wenn bestimmte Grenzwerte überschritten wurden. Diese Techni-

Gear up! Ein A310 kurz nach dem Take-Off

Mahan Air mit einem A310 beim Start in Düsseldorf

ken wurden auch in späteren Versionen des A300 übernommen und sind mittlerweile bei allen Verkehrsflugzeugen Standard. Aufgrund der immensen Ähnlichkeit zum Schwestermodell A300 wurde der A310 zu Beginn auf der gleichen Endmontagelinie fertiggestellt. Der Jungfernflug des neuen Airbus fand am 3. April 1982 statt. Bis 1998 wurde der A310 produziert, 255 Stück konnten verkauft und ausgeliefert werden. Heute sind die meisten noch fliegenden A310 zum Frachter umgerüstete Passagiermaschinen oder Truppentransporter für das Militär. Airbus bot zwar einen reinen Frachter an, der jedoch nie verkauft werden konnte.

Ein Airbus A310 „Multi-Role-Transport-Tanker" der Luftwaffe

Die Airbus A320-Familie

Konkurrenz für Boeing

26

Es ist nicht übertrieben, wenn man den Airbus A320 als „Gamechanger“ der Flugzeugindustrie bezeichnet. Denn genau das war dieses Flugzeug zu seiner Einführung im Jahre 1988. Der europäische Flugzeugbauer Airbus konstruierte schon seit den 1970er-Jahren Mittel- bis Langstreckenflugzeuge in der Form des Airbus A300/A310, mit dem Ziel, ein Gegengewicht zu den großen Konstrukteuren aus Übersee herzustellen. In den 1980er-Jahren wagte Airbus schließlich, Boeing den Markt für Kurzstreckenjets streitig zu machen: mit einem Jet, der 20% mehr Platz als die 737-300 bieten sollte und dessen Betriebskosten halb so gering waren wie die der überaus erfolgreichen Boeing 727. Die technischen Neuerungen der Airbus A320-Familie konnten sich sehen lassen.

Fly-by-Wire

Als erstes ziviles Flugzeug setzte der A320 auf ein „Fly-by-Wire-System“, eine elektronische Flugzeugsteuerung über Computer, die eine Ansprache der Steuerflächen ohne mechanische Verbindung zwischen Steuergerät und Steuerflächen ermöglicht. Das klassische Steuerhorn wurde durch einen Sidestick ersetzt, der einem Joystick ähnelt und an den Sei-

Die großen Triebwerke des A320neo. Lufthansa ist der Erstbetreiber des Musters.

Ein Germanwings A320-200 kurz vor der Landung in Köln/Bonn

ten des Cockpits angebracht ist. Die Piloten haben eine uneingeschränkte Sicht auf die Instrumente und Platz für einen ausklappbaren Tisch, dem sog. „Tray-Table“, zum Essen oder Lesen von Kartenmaterial. Das Cockpit wurde äußerst modern gestaltet, sechs Monitore prägten fortan das Bild, für die damalige Zeit revolutionär. Auf diesem Cockpit bauten fortan alle weiteren Airbus-Modelle auf. Diese sogenannte Kommunalität ist ein weiterer Vorteil der Airbus A320-Familie: Viele Systeme, Eigenschaften und Bauteile sind identisch. Das spart Kosten bei der Wartung und der Ausbildung des fliegenden Personals und bedeutet, dass ein Pilot mit einer Musterzulassung alle Flugzeuge der A320-Familie fliegen darf.

Kontinuierliche Weiterentwicklung

Die Philosophie von Airbus, die Bordcomputer „über“ den Menschen zu stellen, war gänzlich neu. Das „Fly-by-Wire-System“, bei dem alle Steuerbefehle des Piloten zuerst vom Steuerungscomputer evaluiert werden, bevor sie umgesetzt werden, führte zu Kontroversen unter Experten, die ein hohes Gefahrenpotenzial befürchteten. Einige Zwischenfälle mit diesem System schienen diese Befürchtungen zu bestätigen. Nach kontinuierlichen Verbesserungen wird heute nahezu kein Flugzeug mehr ohne „Fly-by-Wire“ entwickelt.

Im Frühjahr 2014 wurde mit der Herstellung der neuesten A320-Generation begonnen. Der Airbus A320neo (für „new engine option“) verspricht unter anderem durch neue Triebwerke bis zu 15% gesenkte Betriebskosten. Am 25. Januar 2016 fand der erste kommerzielle Flug dieses Musters für die Lufthansa auf der Strecke Frankfurt–München statt.

Der Airbus A350

Europas Antwort auf den Dreamliner

27

Als Gegenstück zu Boeings 787 war der A350 ursprünglich eher als Evolution der bereits vorhandenen Airbus A330-Familie geplant. So sollten der Rumpfquerschnitt und die Tragflächen im Wesentlichen gleichbleiben. Doch viele potenzielle Kunden bemängelten, dass der Rumpfdurchmesser bei Airbus seit dem Ur-Modell A300 nicht mehr verändert wurde, im Gegensatz zur Konkurrenz zu schmal sei und zu wenig Platz für zusätzliche Sitze bot. Nach dieser Kritik beschloss Airbus einen kompletten Neuentwurf mit breiterem Rumpf, Tragflächen aus Verbundwerkstoffen und stärkeren Triebwerken.

Extra breit und extra sparsam

Die größte Variante, die -1000, sollte bei vergleichbarer Kapazität zur Boeing 777-300ER circa 20% weniger Kerosin verbrauchen. Der überarbeitete Entwurf wurde schließlich im Jahr 2006 offiziell vorgestellt, mit dem Kürzel „XWB" (für eXtra Wide Body, also besonders breiter Rumpf) im Namen. Der A350 wurde von da an in drei Varianten angeboten: die -800, die -900 und die circa 73 Meter lange -1000. Das Cockpit lehnt sich in seinem Design stark an den A380 an, es besteht aus

Seitenansicht eines Airbus A350-900 bei der ILA 2016 in Berlin Schönefeld

Dieser A350-900 dient als Demonstrations- und Testflugzeug für Airbus.

sechs LCD-Bildschirmen mit einer großen Diagonale von 38 Zentimetern und verfügt über Head-Up-Displays. Ähnlich wie bei der Boeing 787 wurde auch ein großes Augenmerk auf den Passagierkomfort gelegt. Der Kabinendruck ist beim A350 etwas höher und entspricht dem Druck von circa 1.800 Metern Höhe. Auch die Luftfeuchtigkeit an Bord ist 20% höher als bei Flugzeugen älterer Generationen. Mittlerweile wurde die Planung wieder auf zwei Varianten des A350 reduziert. Es folgen ein paar Fakten zu diesen zwei Mustern:

Extra breit und extra sparsam

A350-900: Rund 315 Sitze in 3-Klassen-Bestuhlung, variiert von Airline zu Airline. Die MTOM des A350-900 liegt bei 259 Tonnen, maximale Reichweite circa 15.000 km. Mit diesem Typ schickt Airbus einen direkten Konkurrenten zur Boeing 787 und der 777-200ER ins Rennen. Eine Version mit erhöhter Reichweite (ULR für Ultra Long Range) wird ab 2018 ausgeliefert. Sie soll bis zu 17.600 km fliegen. Bisher einziger Kunde ist Singapore Airlines, die mit diesem Typ die Route Singapur–New York wieder profitabel bedienen könnte.

A350-1000: Eine gestreckte Variante des A350, mit 73,78 Metern circa sieben Meter länger als die -900. Das Fahrwerk besitzt pro Seite sechs anstatt vier Räder. Seit Februar 2016 wird der erste Prototyp der -1000 endmontiert, Ende des Jahres sollte der Erstflug stattfinden. Sie bietet rund 360–440 Sitze und tritt damit in die Fußstapfen der deutlich „durstigeren" A340-600 und Boeing 777-300ER.

Der Airbus A380

Ein fliegender Koloss aus Europa

28

Ein Flugzeug. Hunderte Tonnen Aluminium, Verbundstoffe und Sprit. Nahezu 80 Meter Flügelspannweite und vier Motoren mit jeweils 311 kN Schub, die dieses Monstrum scheinbar mühelos in die Luft gleiten lassen. Das ist das größte Passagierflugzeug der Welt – der Airbus A380-800! Schon in den 1980er-Jahren liebäugelte der europäische Flugzeugkonstrukteur Airbus mit einem neuen Großraumflugzeug als Konkurrenz zur Boeing 747. Man betrieb diverse Machbarkeitsstudien, 2001 wurde schließlich, nach 50 Kaufabsichtserklärungen, mit der Konstruktion des Riesen begonnen.

Das Ziel für den Airbus A380: eine erhebliche Reduzierung der Betriebskosten um bis zu 15% im Vergleich zu Passagierflugzeugen der 1990er-Jahre durch enorme Passagierkapazität und den Einsatz von leichteren Werkstoffen wie faserverstärktem Kunststoff. Neben den CO_2-Emissionen sollten auch die Lärmemissionen durch den Einsatz einer neuen Triebwerksgeneration reduziert werden.

Holpriger Weg vom Erstflug zur Auslieferung

Nach mehreren technischen Problemen bei der Entwicklung konnte am 27. April 2005 der Erstflug des Airbus A380 in Toulouse stattfinden. Das Startgewicht lag bei 421 Tonnen. Nie zuvor besaß ein ziviles Verkehrsflugzeug ein so hohes Startgewicht. Bis der Erstkunde Singapore Airlines das Flugzeug in den Liniendienst schicken konnte, dauerte es allerdings noch. Ursprünglich war die erste Auslieferung für Juni 2006 geplant, allerdings machten Probleme in der Kabinenelektronik und daraus resultierende Produktionsprobleme einen Strich durch die Rechnung. Am 25. Oktober 2007 wurde der Gigant endlich von Singapore Airlines zwischen Singapur und Sydney in Dienst gestellt. Der erste A380 für die Lufthansa wurde am 19. Mai 2010 an die Kranich-Airline übergeben und trägt den Namen „Frankfurt am Main".

Der Airbus A380 ist eine Klasse für sich: Das maximale Startgewicht beträgt ganze 569 Tonnen, theoretisch könnten 853 Passagiere im Rumpf der Maschine Platz finden, aber üblicherweise sind die Flugzeuge etwas weniger dicht bestuhlt, sodass die typische Kapazität bei einer 3-Klassen-Kabine ungefähr 560 beträgt. Der mit Abstand größte Kunde ist Emirates mit – nach dem Stand von 2016 – 85 aktiven und 57 bestellten A380.

Ein gewaltiger Airbus A380-800-Prototyp in den Farben des Herstellers

Testcomputer an Bord eines A380-Prototypen

Bei Testflügen simulieren Wassertanks das Gewicht der Passagiere.

Emirates ist der mit Abstand größte Abnehmer des A380.

Es geht noch größer

Die Antonov An-225 „Mrija"

29

84 Meter lang, 18 Meter hoch, sechs Triebwerke und ein maximales Abfluggewicht von 640 Tonnen: das ist die ukrainische Antonov An-225 „Mrija", auf Deutsch „Traum". Diese Kiste stellt alle anderen Flugzeuge in vielerlei Hinsicht in den Schatten. Kein schwereres und größeres Flugzeug hat je den Erdboden verlassen. Sie übertrifft die Länge der Boeing 747-8 um ganze acht Meter, der Airbus A380 ist neun Meter schmaler als die „Mrija". Die An-225 erblickte in den 1990er-Jahren das Licht der Welt. Ursprünglich war sie als Transportflugzeug für die sowjetische Raumfähre „Buran" gedacht. Dieses Programm wurde 1993 offiziell eingestellt, und so lag die An-225 brach.

Eine neue Bestimmung – schwere und sperrige Fracht

Anfang der 2000er wurde die Maschine, von der nur ein einziges Exemplar existiert, allerdings wieder flott gemacht. Seitdem schippert sie munter Fracht durch die Gegend, die sonst auf dem Land- und Seeweg nicht transportiert werden könnte. Schwere und sperrige Fracht ist nämlich die Spezialität der Mrija. Die schwerste Zuladung waren Teile einer Ölpipeline von insgesamt 247 Tonnen. Die Tanks der Antonov können mit bis zu 365 Tonnen Kerosin befüllt werden, ohne Zuladung könnte das Flugzeug so eine Strecke von 15.500 km zurücklegen. Das Fahrwerk, das aus 32 Rädern besteht, muss da natürlich mit einer enormen Belastung zurechtkommen. Zum Vergleich: Das Fahrgestell des Airbus A380 umfasst 22

Die „kleine Schwester" der An-225, die An-124, am Flughafen Nizza

Sechs Triebwerke treiben diesen Koloss an!

Räder. Vor dem Start müssen die sechs Triebwerke zehn Minuten lang sanft vorgewärmt werden, weswegen die „Mrija" meist zu verkehrsarmen Zeiten startet. Das Flugzeug hat nicht nur sechs Triebwerke, die Cockpit-Crew besteht ebenfalls aus sechs Mitgliedern: neben den zwei Piloten zwei Flugingenieure, ein Navigator und ein Funkoffizier.

Bei dem bisher einzigen Exemplar der An-225 wird es vielleicht nicht bleiben: China hat sich die Lizenz an dem Flugzeugmuster kürzlich gesichert und plant, weitere Exemplare des Giganten herzustellen.

Die Zukunft des Giganten

Bisher konnte die zweite An-225 nämlich nie fertiggestellt werden, da Antonov das benötigte Kapital von über 300 Millionen Euro nicht aufbringen konnte. Seitdem wartet die noch unfertige An-225, zu 70% gebaut, auf ihre Vollendung. Der ukrainische Konzern Antonov und der chinesische Flugzeughersteller Aviation Industry Corporation of China (AVIC International) haben sich deswegen auf ein Abkommen geeinigt, das besagt, dass die bisher noch nicht fertiggestellte An-225 modernisiert und flugtüchtig gemacht werden solle. Doch das ist noch nicht alles: In China soll die An-225 schon ab 2019 in Serie produziert werden. Der „Mrija" wird also ein zweites Leben eingehaucht. Die Zukunft des fliegenden Giganten ist also, wie es aussieht, erst einmal gesichert. Fortsetzung folgt!

Geschichte der Lufthansa 1

Die alte Lufthansa

30

Die nächsten zwei Kapitel widmen sich der größten deutschen Fluggesellschaft: Lufthansa. Diese Airline hat eine bewegte Vergangenheit hinter sich. Anders als oft angenommen handelt es sich bei der Lufthansa, wie wir sie heute kennen, nicht um eine Rechtsnachfolgerin jener Deutschen Luft Hansa AG, die von 1926 bis zum Ende des Zweiten Weltkriegs existierte. Doch der Reihe nach. Am 6. Januar 1926 schlossen sich die deutsche Aero Lloyd und die Junkers Verkehrs AG zusammen und gründeten die Deutsche Luft Hansa Aktiengesellschaft. Der erste Passagierflug erfolgte am 6. April desselben Jahres auf der Strecke von Berlin Tempelhof über Halle, Erfurt und Stuttgart bis nach Zürich. Ende 1926 beschäftigte die neue Fluggesellschaft bereits 1.527 Menschen und hatte 56.268 Fluggäste, 258 Tonnen Fracht und 301 Tonnen Post befördert.

Die Gründung der Fluggesellschaft fiel in eine Zeit zahlreicher Pionierleistungen, die Luft Hansa selbst erschloss zahlreiche neue Routen, darunter die damals längste in Europa: Berlin–Madrid. Auch auf Routen in den Fernen Osten und auf dem Südatlantik galt die Airline als Pionier.

Von der Zeit der Pioniere ins Dritte Reich

1932 führte die Fluggesellschaft das damals größte Passagierflugzeug seiner Zeit ein: die Junkers G38. Ab 1933 wurde der Name Luft Hansa zusammengeschrieben und so zu Lufthansa. Nach Ausbruch des Zweiten Weltkrieges war an einen normalen Linienbetrieb nicht mehr zu denken, immer mehr Strecken wurden gestrichen und das Personal, die Flotte und die Werften der Airline wurden in den Dienst der Luftwaffe gestellt. Sämt-

Die „Tante Ju"

Die Junkers 52 ist eine kleine Luftfahrtlegende. Das Flugzeug, liebevoll „Tante Ju" genannt, hob 1932 zu ihrem Jungfernflug ab. Insgesamt wurden etwa 4.800 Ju 52 gebaut, 1.900 davon vor dem Ausbruch des Zweiten Weltkriegs. Im Jahr 2016 waren weltweit noch acht Junkers 52 flugtüchtig. Diese werden zumeist für Rundflüge eingesetzt, wie zum Beispiel auch in Deutschland von der „Deutsche Lufthansa Berlin-Stiftung".

Eine Junkers 52, die noch heute im Auftrag der Lufthansa Rundflüge durchführt.

liche Piloten mussten fortan für die Luftwaffe fliegen, zivile Flugzeuge wurden zu Militärfliegern umgerüstet und zweckentfremdet. Kurz vor der bedingungslosen Kapitulation am 8. Mai 1945 führte die „alte" Lufthansa den letzten Linienflug ihrer nur 19-jährigen Unternehmensgeschichte durch. Dieser Flug führte mit einer Junkers Ju 52 von Berlin Tempelhof nach Warnemünde. Nach dem Krieg untersagten die Alliierten alle zivilen Flüge und die Lufthansa wurde de facto aufgelöst. Ihre endgültige Liquidierung fand einige Jahre später im Jahre 1951 statt.

Ein Schild der alten Lufthansa im Jahre 1926 am Flughafen Berlin Tempelhof

Geschichte der Lufthansa 2

Die neue Lufthansa

31

Nun schreiben wir das Jahr 1954. Die Pariser Verträge traten am 23. Oktober in Kraft. Die 1949 gegründete Bundesrepublik Deutschland erlangte ihre Souveränität und ihre Lufthoheit zurück. Bereits anderthalb Jahre zuvor, am 6. Januar 1953, gründete sich ein neues Luftverkehrsunternehmen, getauft auf den Namen LUFTAG, was für „Aktiengesellschaft für Luftverkehrsbedarf" stand. Die neue Fluggesellschaft orderte vier Langstreckenflugzeuge des Typs Lockheed L-1049G „Super Constellation". Dieses Flugzeug war etwas Besonderes. Die „Super Constellation" (oft auch liebevoll „Super Connie" genannt) erlebte ihren Jungfernflug im Jahre 1951 und war ein sehr erfolgreiches Langstreckenflugzeug. Sie besaß vier Turbo Compound Propeller und konnte 95 Passagiere bis zu 6.400 km weit schippern, das alles bei einer Geschwindigkeit von 500 km/h. Im August 1954 wurde schließlich beschlossen, den Namen LUFTAG in Deutsche Lufthansa AG zu ändern. Die Markenrechte der alten Lufthansa, inklusive des Kranichlogos und der Flagge, wurden für umgerechnet 74.000 Euro übernommen. 1955 wurden erste Ziele im Ausland und erste Transatlantikziele angeflogen, allerdings noch mit US-amerikanischen Piloten, am ersten Oktober wurde die traditionsreiche Verkehrsfliegerschule in Hamburg eröffnet. Im März 1956 konnte das erste Mal nach dem Krieg eine Lufthansa-Maschine mit einer ausschließlich deutschen Besatzung abheben.

Eine Fokker 100 der LH-Tochter Austrian, die bald ausgemustert werden soll

Seit 1989 setzt die Lufthansa den Airbus A320 ein.

Die Lufthansa im Jet-Zeitalter

In den 1960er-Jahren brach das Jet-Zeitalter an – auch für die Lufthansa! Mit dem Eintreffen der ersten Boeing 707 im März 1960 begann für die Airline mit dem Kranich offiziell die neue Düsen-Ära. Zu Beginn der 1970er-Jahre wurde schließlich die erste Boeing 747-100, das damals größte Passagierflugzeug der Welt, eingesetzt. Leider fiel in dieses Jahrzehnt auch der Absturz einer 747-100 in Nairobi, bei dem 59 Menschen ihr Leben lassen mussten, und die Flugzeugentführung der Boeing 737-200 Landshut. Die 1980er-Jahre standen im Zeichen einer Modernisierung der Flotte, die älteren Boeing 747-100 wurden gegen die neuere -200 ausgetauscht. Dank der gründlichen Wartung der Lufthansa Technik konnten die -100er zum Teil teurer verkauft werden, als sie erworben wurden! 1983 wurde der Airbus A310 in den Dienst gestellt. An dessen Konstruktion war die Lufthansa maßgeblich beteiligt.

Neue Allianzen und überarbeitete Geschäftsmodelle

1989 wurde die Sun Express als Joint Venture zwischen der Lufthansa und Turkish Airlines gegründet. Mitte der 1990er-Jahre wurde der deutsche „Flagcarrier" privatisiert und 1997 begründete die Lufthansa die Star Alliance mit (dazu später mehr). Die 2000er waren geprägt von Übernahmen, zum Beispiel von der SWISS und dem österreichischen Carrier Austrian. Ab Januar 2015 übernahm die Günstig-Tochter Germanwings den gesamten dezentralen Verkehr der Lufthansa, also alle Flüge, die nicht von/nach Frankfurt oder München flogen. Bereits Ende 2014 stimmte der Aufsichtsrat der Lufthansa dem Wings-Konzept zu. Das Günstigsegment wurde unter dem Dach der Eurowings ausgebaut und um Langstreckenflüge erweitert. Germanwings fliegt fortan im Auftrag der Eurowings, die mittelfristig zu einer der größten Low Cost Carrier Europas ausgebaut werden soll.

Air Force One

Eine fliegende Kommandozentrale

32

Eigentlich ist die Air Force One, anders als oftmals angenommen, gar kein Flugzeug, sondern ein Rufzeichen. Als Air Force One wird immer jenes Flugzeug bezeichnet, in dem sich der Präsident der Vereinigten Staaten von Amerika gerade aufhält. Oder fast: Das Luftfahrzeug muss sich im Besitz der US Air Force befinden. Fliegt der Präsident zum Beispiel in einem Hubschrauber der US Marines, so ist das Rufzeichen Marine One. Doch hier soll es um die zwei ganz speziellen Boeing 747-200B der US Air Force gehen. Seit Anfang der 1990er-Jahre werden diese zwei Jumbos mit der USAF-Bezeichnung VC-25A als Präsidentenflugzeug der USA eingesetzt. Die Vorteile einer Boeing 747 als Nachfolger der vorigen Air Force One, einer umgerüsteten Boeing 707, liegen dabei auf der Hand: Sie bietet enormes Platzangebot und überaus große Reichweite. 1987 bestritt die erste zu diesem Zweck vorgesehene 747-200 ihren Erstflug. In den folgenden Jahren wurde sie einem Facelift unterzogen. Danach hatte sie mit einer gewöhnlichen Boeing 747 nicht mehr viel gemeinsam.

Die Air Force One 2012 in Bangkok, Thailand

Bald werden die alten Air Force One durch zwei neue auf Basis der 747-8 ersetzt.

Präsidiale Ausstattung

Der Innenraum verfügte nun über Privatquartiere für den Präsidenten (oder die Präsidentin) und die First Family, Arbeitsräume und Aufenthaltsräume, auch für Personal und Regierungsmitglieder, zwei Küchen und einen Raum für medizinische Notfälle (inklusive OP-Tisch). Und: Die Air Force One ist ein vollwertiger Kommandostand für den US-Präsidenten, sie verfügt über modernste Kommunikationsmittel, die dem Staatsoberhaupt den vollen Zugriff auf das Militär gewähren. Außerdem weicht der militärische Berater des Präsidenten bei Flügen mit der Air Force One nicht von seiner Seite: Er führt den „Football", den berüchtigten Atomkoffer bei sich, mit dem der Einsatz von Kernwaffen veranlasst werden kann. Über die sonstige militärische Ausstattung kann nur spekuliert werden, sie ist streng geheim. Als gesichert gilt jedoch, dass sie über ein Raketenabwehrsystem verfügt, das pulsierende Infrarotstrahlung zur Bekämpfung von Raketen aussenden kann. Außerdem ist die Air Force One durch eine spezielle Außenhaut und Verkabelung vor nuklearer Strahlung geschützt und kann durch Luftbetankung enorme Reichweiten erlangen. Spekuliert wird auch über mindestens zwei zusätzliche Tanks, die die Reichweite ebenfalls drastisch erhöhen, damit im Notfall das amerikanische Festland von jedem Punkt der Erde aus erreicht werden kann. Mittlerweile ist die Boeing 747-200 trotz aller Umrüstungen und Modernisierungen ein recht betagtes Flugzeugmodell. Deswegen muss ein Nachfolger her. Dieser Nachfolger wird, wie 2015 bestätigt wurde, ein Flugzeug auf Basis der neusten Boeing 747-8.

Ed Force One

Der fliegende Iron Maiden Tourbus

33

Im Rahmen ihrer „The Book of Souls"-Welttournee charterte die Heavy-Metal-Band Iron Maiden eine Boeing 747-400 von Air Atlanta Icelandic. Üblicherweise segelt die Truppe mit einer (viel bescheideneren) umgebauten Boeing 757 durch die Lüfte.

Das Beste an der Geschichte ist, dass der Sänger der Band, Bruce Dickinson, seit den frühen 1990er-Jahren im Besitz einer ATPL (also einer Verkehrspilotenlizenz), und, seit neuestem, einer Musterzulassung für die Boeing 747-400 ist. Der gute Herr darf die Ed Force One also höchstpersönlich durch die Lüfte bewegen! Wenn Dickinson mal nicht als Sänger für Iron Maiden durch die Welt tummelte, flog er hauptberuflich für die Charterfluglinie Astraues. Bis zu ihrem Konkurs im Jahre 2011. Noch heute engagiert Dickinson sich in verschiedenen Bereichen der Luftfahrt, so besitzt er zum Beispiel einen Wartungsbetrieb für Flugzeuge, ist Manager bei Air Djibouti, kaufte sich den größten Zeppelin der Welt und bildet selbst neue Piloten aus – das ist doch ein Rockstarleben, nicht wahr?

Ruhestand der 747

Dickinsons Job als Pilot ist übrigens der Grund für sein recht kurzes Haar, welches für einen Heavy-Metal-Sänger sonst eher untypisch ist. Die Welttournee endete zwar erst am 4. August 2016 auf dem Wacken Open Air, die Ed Force One aber befand sich da schon im wohlverdienten Ruhestand. Ein letztes Mal flog Bruce Dickinson damit die Band zu ihrem Auftritt in Göteborg, Schweden, am 17. Juni 2016. Fast wäre der Einsatz des Jumbos als fliegender Tourbus jedoch bereits Monate zuvor vorbei gewesen, denn am 12. März 2016 kollidierte der Koloss auf dem Flughafen von Santiago de Chile mit einem Schleppfahrzeug – zwei Triebwerke wurden dabei stark beschädigt. Glücklicherweise war die 747-400 wesentlich schneller wieder einsatzbereit als erwartet. Das Foto zeigt die Ed Force One am Flughafen Düsseldorf.

Woher der Name?

Der Name „Ed Force One" ist natürlich eine Anspielung auf die vorhin vorgestellte „Air Force One" des US-amerikanischen Präsidenten. Das „Ed" ist hierbei an das Maskottchen der Band Iron Maiden – Eddie – angelehnt.

Die Ed Force One 2016 am Flughafen Düsseldorf 2016

Sogar die Polizei genoss den Anblick des Giganten (oder ihrer Smartphones?).

Auch in Schwarzweiß macht sich diese 747 äußerst gut!

Der Eurofighter Typhoon

Das „Mehrzweckkampfflugzeug"

34

Begeben wir uns von großen und etwas behäbigen Flugzeugen wieder in militärische Gefilde zu Fliegern, die leicht, wendig und sehr schnell sind. Eines dieser Flugzeuge ist der Eurofighter Typhoon. Dieser Kampfjet ist nahezu 16 Meter lang, bei einer Spannweite von fast 11 Metern, kann mit einer Masse von bis zu 23,5 Tonnen den Boden verlassen und schafft maximal genau Mach 2,0. Mit Bewaffnung bei einer Flughöhe von 11.000 Metern liegt die Marschgeschwindigkeit des Jets bei noch etwa Mach 1,2. Der Eurofighter ist aerodynamisch instabil, das heißt, dass er in allen Geschwindigkeitsbereichen äußerst wendig und manövrierbar ist. Möglich macht das eine „Fly-by-Wire"-Flugsteuerung. Was unsereins von modernen Smartphones kennt, treibt der Eurofighter noch etwas weiter: Der Pilot kann via Sprachsteuerung wichtige Funktionen in seinem Cockpit beherrschen. Dieses System nennt sich Direct Voice Input (DVI).

Ein neuer Kampfjet muss her

Der Eurofighter ist ein gemeinsames Projekt der NATO-Staaten Deutschland, Italien, Großbritannien und Spanien. Seine Geschichte beinhaltet etliche Verzögerungen und Pannen, die ihren Ursprung weniger in technischen Problemen bei der Entwicklung, sondern vielmehr in politischen Muskelspielen hatten. Die Anfänge des Jets reichen bis in die 1960er-Jahre zurück: In dieser Zeit suchte die Luftwaffe einen Nachfolger für die Lockheed F-104 „Starfighter", die nicht gerade sicher zu unterhalten war und deswegen auf den etwas unschönen Namen „Witwenmacher" getauft wurde. Dieser Nachfolger wurde der noch heute fliegende Tornado, der ursprünglich als eine Art Übergangslösung geplant war. 1977 schließlich beschlossen der deutsche Verteidigungsminister Leber und seine Kollegen die Entwicklung eines neuen taktischen Kampfjets.

Parallel begannen die Luftwaffen von Deutschland, Frankreich, Spanien, Italien und Großbritannien, an einem neuen Flugzeug zu tüfteln. Der Arbeitstitel des zukünftigen Fighters war zu dieser Zeit „Jäger 90". Es folgten etliche und langwierige Diskussionen darüber, was dieses neue Kampfflugzeug überhaupt können sollte. Eines war klar: Es musste wendig, schnell, stark in Luft-zu-Luft-Kämpfen und reichweitenstark sein, um Luftüberwachungseinsätze möglich zu machen. Doch hier trennten

Sonderlackierung eines Eurofighters zum 60. Jubiläum der deutschen Luftwaffe

sich die gemeinsamen Interessen der Staaten ein wenig. Frankreich wünschte sich eine gute Luft-zu-Boden-Fähigkeit und gute STOL (short takeoff and landing)-Eigenschaften des neuen Flugzeuges, um es für den Einsatz auf Flugzeugträgern zu qualifizieren. Noch dazu bestand das Land auf einer dominanten Rolle des eigenen Flugzeugherstellers Dassault, seines Zeichens Hersteller der erfolgreichen Mirage. Diese Differenzen konnten nicht überwunden werden, und so stieg Frankreich aus der Entwicklung des Jäger 90 aus.

Langwierige Zulassung und steigende Kosten

Der Kalte Krieg ging vorüber, doch der Wunsch nach einem neuen Kampfflugzeug blieb. Die verbliebenen Staaten hielten an der Idee fest, und so wurde mit der Entwicklung begonnen. Im Oktober 1990 wurde ein wichtiger Meilenstein erreicht: Das Triebwerk EJ200 absolvierte seinen ersten Testlauf. Im Folgejahr wurde mit der Montierung des ersten Prototyps der Maschine begonnen. Getauft wurde dieser DA1. 1992 schließlich wurde das künftige Flugzeug umbenannt. Das Projekt hieß nun Eurofighter 2000 (Anspielungen auf den kommenden Millenniumswechsel waren schwer in Mode). Am 27. März 1994 rollte der erste Eurofighter aus dem Hangar des EADS-Werks im bayerischen Manching und absolvierte seinen erfolgreichen Erstflug. Doch es sollte noch etwas länger dauern, bis der Prototyp Serienreife und seine Zulassung erlangen sollte. Diese Zulassung erfolgte im Juni 2003. 1997 beschloss der Deutsche Bundestag immerhin die Anschaffung von 180 Eurofightern, die zusammen 12 Mrd. Euro kosten sollten. Zur Erinnerung: Ende der 1980er-Jahre wurden die Kosten pro Flugzeug auf gerade einmal 65 Mio. D-Mark pro Flugzeug geschätzt. Das ist etwa die Hälfte.

2004, zur Auslieferung des ersten Flugzeuges an die Luftwaffe, schossen diese Kosten auf 18 Mrd. Euro hoch. Heute geht man für alle Eurofighter für die Luftwaffe von Kosten jenseits der 25 Mrd. Euro aus.

Flughafen Atlanta

Der größte Flughafen der Welt

35

Fünf parallele Start- und Landebahnen, zwei Terminals mit sieben Abflughallen und eine Fläche von 1.902 Hektar: Das ist der Flughafen Atlanta (ATL), voller Name „Hartsfield-Jackson Atlanta International Airport", der Airport mit dem höchsten Passagieraufkommen weltweit. Mehr als 101 Mio. Fluggäste zählte ATL im Jahr 2015. Damit ist er der erste Flughafen, der die 100-Mio.-Passagiermarke geknackt hat. Seit 1998 hält ATL diese Rekorde übrigens durchgängig. Insgesamt werden aus Atlanta 261 Ziele (Stand 2016) angeflogen, mehr Nonstop-Ziele bietet weltweit kein anderer Airport an.

Die mit Abstand meisten Flugbewegungen!

ATL ist außerdem der Heimatflughafen der Delta Air Lines, ihres Zeichens die größte Fluggesellschaft der Welt, gemessen an der Flottenstärke. Auf den fünf Runways fanden 2015 882.497 Starts und Landungen statt. Seit 2005 hält ATL auch den Rekord der meisten Flugbewegungen pro Jahr. Das lässt sich damit erklären, dass Atlanta über einen hohen Anteil an Umsteigepassagieren verfügt, die von größeren auf kleinere Maschinen umsteigen, um von der Langstrecke kommend zu regionaleren Zielen zu fliegen. Auch die umgeschlagene Fracht in ATL kann sich sehen lassen. So wurden 2015 mehr als 626.000 Tonnen umgeschlagen. Der Kontrollturm des Airports ist der vierthöchste weltweit.

Ein Blick ins Innere des Hartsfield-Jackson Flughafens in Atlanta

London Heathrow

36

Der größte Flughafen Europas

London Heathrow (LHR): ein Flughafen, der sich nach und nach immer mehr am Limit befindet. Auf gerade einmal zwei Landebahnen wurden hier im Jahr 2014 472.802 Flüge abgewickelt: LHR`s Kapazität ist mit über 99% äußerst gut ausgelastet, weswegen die Slots (also Zeitfenster, in denen Fluggesellschaften ihren Flug abwickeln dürfen, mehr dazu weiter hinten) zu guten Zeiten hochbegehrt und teuer sind. Der Flughafen London Heathrow ist europäischer Spitzenreiter mit 73.405.300 Passagieren im Jahr 2014 – und das mit der Hälfte der Flugbewegungen, die in Atlanta bewältigt werden müssen. Das liegt zum überwiegenden Teil daran, dass LHR einen großen Langstreckenanteil hat und die Fluggesellschaften deswegen auf ein größeres Fluggerät mit mehr verfügbaren Sitzplätzen zugreifen.

Operation am Limit und Kapazitätsengpässe

Heathrow hat momentan fünf Terminals, und die zwei parallelen Start- und Landebahnen 09/27L und 09/27R haben eine Länge von jeweils 3.660 Metern bzw. 3.902 Metern. Genug, um Flugzeuge jeglicher Größe aufnehmen zu können. Da die Kapazität in London, einem der dichtesten und verkehrsreichsten Räume Europas, dringend erweitert werden muss, schweben seit einigen Jahren mehrere Konzepte herum, darunter der Bau eines komplett neuen Großflughafens außerhalb Londons. Am wahrscheinlichsten ist jedoch der Bau einer dritten Runway im Nordwesten des Airports. Auf dem zweiten Platz in Europa befindet sich übrigens der Pariser Flughafen Charles de Gaulle, der 2015 über 65 Mio. Passagiere abfertigte. Gefolgt wird Paris vom Istanbuler Atatürk Flughafen, der 2015 61.836.781 Passagiere zählte und somit Frankfurt erstmals von Platz drei verdrängte.

Szene im Terminal 5 von London Heathrow

8 Rotorblätter, 40 Meter

Der größte Hubschrauber der Welt

37

Der Kalte Krieg zwischen der Sowjetunion und den Vereinigten Staaten von Amerika brachte neben Flugzeugen wie der Blackbird noch einige weitere erstaunliche Luftfahrzeuge hervor. Zum Beispiel den größten Hubschrauber der Welt: den Mil Mi-26. Dieses Gerät ist für einen Drehflügler ein wahres Monstrum. Er ist (mit sich drehenden Rotoren) etwas mehr als 40 Meter lang (ungefähr so lang wie eine Boeing 737-800), 8,15 Meter hoch und wiegt, voll beladen, bis zu 56 Tonnen – zum Vergleich: Ein leerer A320 wiegt gerade einmal knapp 37 Tonnen. Dazu beträgt die typische Einsatzreichweite der Mil Mi-26 circa 800 km. Dabei schafft der Hubschrauber eine maximale Geschwindigkeit von 295 km/h, die typische Marschgeschwindigkeit bewegt sich mit 265 km/h etwas darunter.

Jungfernflug und Erprobung des Rotor-Kolosses

Doch nun zur Geschichte der Mi-26. Die Mi-26 basiert auf ihrem Vorgängermodell, der Mi-6. Die Mi-6 wurde Anfang der 1970er-Jahre vom sowjetischen Militär als unzureichend für die gestiegenen Anforderungen empfunden. Ein neues Modell musste her. Ende Dezember 1971 gab die staatliche Wissenschaftskommission grünes Licht für einen Entwurf des Chefentwicklers O. P. Bachow. Zugunsten einer höheren Beladungskapazi-

Eine Mil Mi-26 bei der 100. Jubiläumsfeier der russischen Luftwaffe

Eine Mil Mi-26 und Mil Mi-8AMTSh im Flug über Moskau

tät und Reichweite wurde auf eine schwere Bewaffnung verzichtet. Das lohnte sich: Bis zu 20 Tonnen kann der Hubschrauber zuladen. Nach sechs Jahren Entwicklung wurde der erste Prototyp am 31. Oktober 1977 schließlich aus dem Hangar gerollt und absolvierte seinen nur dreiminütigen Jungfernflug. Nach weiteren drei Jahren war die Flugerprobung mit zwei Prototypen, die 150 Flüge und 104 Flugstunden sammelten, abgeschlossen. 1980 konnte die erste Serienmaschine das Werk verlassen. Ihren ersten größeren Einsatz hatte die Mil Mi-26 im Afghanistankrieg in den 1980er-Jahren. Ihr Haupteinsatzgebiet war hierbei der Transport sowjetischer Kampftruppen. In vielen nachfolgenden Konflikten wurde die Mi-26 eingesetzt, so zum Beispiel im ersten und zweiten Tschetschenienkrieg.

Die zivile Verwendung

Doch auch in der zivilen Welt fand der Hubschrauberkoloss seine Verwendung. So transportierte er 1986 eine 18 Tonnen schwere Zelle einer Tupolev Tu-142. Im gleichen Jahr ereignete sich auch der katastrophale Reaktorunfall im Kernkraftwerk Tschernobyl. Die Mi-26 wurde in der Folge bei zahllosen Einsätzen zu Bergungs- und Räumungsarbeiten eingesetzt. Tragischerweise wurden die Hubschrauber nach diesen Einsätzen zum Teil von Hand vom Bodenpersonal gereinigt – ohne jeglichen Schutz der Mitarbeiter. Diese zogen sich zum Teil schwere Strahlungsschäden zu. Nach diesen Einsätzen blieb eine Maschine mit einem anderthalbfach erhöhten Strahlungswert relativ unversehrt und flog noch weiter. Die anderen Schwestermaschinen der Flotte wiesen allerdings eine zehnfache Strahlenbelastung auf und wurden nach ihrem letzten Einsatz am Reaktor vergraben. In jüngster Zeit wurde die Mi-26 vor allem nach diversen Erdbeben als Bergungshubschrauber eingesetzt. Noch heute ist sie im aktiven Einsatz.

Airlander 10

Der größte Zeppelin der Welt

38

Natürlich besteht die Welt der Luftfahrt nicht nur aus Drehflüglern und Metallrohren mit zwei Tragflächen dran. Diese Gefährte teilen sich die Lüfte mit etwas behäbigeren und dickeren Zeitgenossen – den Zeppelinen!

Der zurzeit größte seiner Art ist der Airlander 10. Dieses Luftschiff ist 92 Meter lang und 42 Meter breit. Das Besondere: Beim Airlander handelt es sich um ein sogenanntes Hybrid-Luftschiff, was die Leichter-als-Luft-Technologie mit den Vorzügen der Schwerer-als-Luft-Technologie verbindet. So wird circa die Hälfte des Auftriebs wie bei herkömmlichen Luftschiffen durch eine mit Trag-Gas gefüllte Hülle und die andere Hälfte mittels aerodynamischer Auftriebshilfen erzeugt. Ursprünglich wurde der Airlander mit dem Ziel entwickelt, als hochfliegendes Aufklärungsschiff für die US-Streitkräfte in Afghanistan zu fungieren. Das Projekt wurde vom US-amerikanischen Verteidigungsministerium sogar mit 60 Mio. US-Dollar finanziert. Allerdings verlor man das militärische Interesse, und so kaufte der britische Hersteller Hybrid Air Vehicles (eine Tochter von Northrop Grumman) die Rechte an der Hülle zurück. Hybrid Air Vehicles wollte fortan ausloten, was mit dem Koloss sonst noch so möglich sei, und kam auf die Idee, dass er sich doch gut als Frachter eignete. Hier kommt ein Rockstar ins Spiel!

Der Airlander in Cardington, England

Das riesige Luftfahrzeug hat mit etwas Glück eine zivile Zukunft.

Neue Chance als ziviles Luftschiff

Fortan wurde der zivile Einsatz des Hybrid-Luftschiffes gesponsert, zum einen durch Crowdfunding, zum anderen aber auch durch Geldgeber wie die britische Regierung und der eben schon erwähnte Heavy-Metal-Sänger Bruce Dickinson! Der Airlander 10 kann entweder 48 Passagiere oder 10 Tonnen Fracht aufnehmen. Und er ist äußerst ausdauernd: Mit voller Tankfüllung kann er bis zu drei Wochen in der Luft bleiben! Am 17. August 2016 fand im britischen Cardington der erfolgreiche Jungfernflug statt. Mit dem Airlander 50 ist schon jetzt ein Nachfolger geplant, der bis zu 50 Tonnen Fracht aufnehmen soll. Das ist mehr als die Hälfte der Kapazität, die eine Boeing 777F fassen kann!

Andere große Luftschiffe

Vor dem Aufstieg der Verkehrsflugzeuge galten Zeppeline als „das große Ding". Vor allem in den 1920er-Jahren wurde ihnen eine große Zukunft vorausgesagt. Das wohl bekannteste unter ihnen war das Luftschiff „LZ 129 Hindenburg", das am 6. Mai 1937 verunglückte. Der Zeppelin wog ganze 2.015 Tonnen, war 245 Meter lang und bis zu 41,2 Meter breit. An Bord gab es Platz für 72 Betten und insgesamt 60 Besatzungsmitglieder.

Das Space Shuttle

Raumfähre zum Wiederverwenden

39

Dreißig Jahre dauerte die Ära der ersten und bisher einzigen wiederverwendbaren Raumfähre der Welt: des Space Shuttles. Es steht sinnbildlich für das gesamte amerikanische Raumfahrtprogramm – ambitioniert, voller Hoffnung, von Rückschlägen geplagt und mit einigen Triumphen gesegnet. Keine andere Nation schoss in den letzten 60 Jahren mehr Raketen und Raumschiffe in den Weltraum. Das Programm des Space Shuttles begann mit dem Traum, das Pendeln in den Weltraum mit einem wiederverwendbaren Raumgleiter zum Alltag zu machen. Ende der 1960er-Jahre, als die US-Amerikaner den Wettlauf zum Mond gewonnen hatten, kamen der NASA erste Gedanken zu einer Raumfähre, die nicht nur einmal benutzt werden konnte. Das hatte zum einen das Ziel, die Kosten für die Raumfahrt erheblich zu senken, und zum anderen hatte man eine Kommerzialisierung der Raumfahrt im Hinterkopf. Im Jahr der ersten Mondlandung, 1969, wurde eine erste Studie in Auftrag gegeben, die die Machbarkeit eines solchen Gefährts überprüfen sollte. 1971 bekundete auch die US Air Force ihr Interesse. So wurde der Entwurf ein wenig an deren Bedürfnisse angepasst und erhielt eine größere Nutzlastbucht zum Transport von Spionagesatelliten.

Das Konzept steht – die ersten Missionen

Viele der ersten Konzepte scheiterten an zu hohem Gewicht. Letztendlich konnte dieses Problem überwunden werden, indem man die Raumfähre kleiner machte und für weniger Passagiere auslegte, dafür aber mit einem großen Tank ausstattete. Zusätzlich wurde die Fähre mit Feststoffraketen angebracht. Das führte dazu, dass das Space Shuttle nicht ganz wie geplant zu 100% wiederverwendbar war. 1972 stand das Konzept aus Orbiter, Booster und Außentanks fest. North American Rockwell (später in Boeing aufgegangen) bekam den Zuschlag zum Bau des ersten Prototyps. 1975 wur-

Challenger-Denkmal in Arlington, Virginia

de die erste flugfähige Raumfähre fertiggestellt. Auf Drängen Tausender amerikanischer Fans der Serie Star Trek wurde der Gleiter auf den Namen Enterprise getauft. Die Raumfähre führte erste Gleitflugtests durch, war allerdings nicht zum Raumflug fähig. Diese Tests waren trotzdem wichtig, da die Enterprise genau wie die späteren Raumfähren antriebslos landen musste. Am 12. April 1981 fand nach erfolgreicher Erprobung endlich der Erstflug des ersten raumflugfähigen Space Shuttles, der Columbia, statt. Er dauerte lediglich zwei Tage, das Shuttle kehrte unversehrt auf die Edwards Air Force Base in Kalifornien zurück. In der Folge begannen die ersten Missionen ins All – das Space Shuttle flog!

Der erste Space-Shuttle-Start am 12. April 1982

Der geplatzte Traum vom alltäglichen Weltraumflug

Bis 1986 schien alles gut zu gehen. 21 Missionen wurden bis dahin erfolgreich durchgeführt. Doch dann kam der 28. Januar 1986. Die Raumfähre Challenger hob bei einer Außentemperatur von gerade einmal zwei Grad Celsius ab – zu niedrig, wie sich herausstellen sollte. Ein Dichtungsring an einer Feststoffrakete versagte aufgrund der Temperatur und die Außentanks explodierten. Die Raumfähre zerbrach aufgrund der hohen einwirkenden Kräfte. Die Crew war verloren, genauso wie die Illusion einer einfachen Machbarkeit von Raumflügen. Erst zwei Jahre später wurden die Raumflüge wiederaufgenommen. 2003 ereignete sich mit dem Verglühen der Columbia beim Wiedereintritt in die Erdatmosphäre ein weiteres schweres Unglück. Der letzte Flug eines Space Shuttles wurde am 8. Juli 2011 mit der Atlantis durchgeführt. Das Programm wurde daraufhin eingestellt. Insgesamt wurden 135 Flüge durchgeführt, bei denen die zwei genannten Fähren verloren gingen. Mit der Orion ist aber ein Nachfolger des Space Shuttles in Sicht, der sich frühestens 2023 zum ersten Mal mit einer Crew auf den Weg ins All machen wird.

Die Freiheiten der Luft

40

Darf eine Airline einfach überall hinfliegen?

Nehmen wir einfach mal an, wir eröffnen eine neue Airline, denn wir wollten doch schon immer einmal Chef einer Fluggesellschaft sein, oder? Sie trägt den stolzen Namen Liberty Airways (einfallsreich, nicht?). Die Nachfrage schießt sofort in den Himmel, also kaufen wir einen Haufen neuer Flugzeuge, um all die potenziellen Passagiere mit Lichtgeschwindigkeit über die Kontinente und Weltmeere zu schippern und uns, ganz nebenbei, alle Marktanteile zu schnappen. Aber darf eine Fluggesellschaft einfach dorthin fliegen, wohin sie möchte? Ganz so einfach ist das leider nicht. Es gibt zahlreiche zu überwindende Hindernisse, wenn eine Fluggesellschaft den Dienst zwischen ihrem Heimatland und einem anderen Land aufnehmen möchte. Es gibt Hunderte, ja sogar Tausende sogenannte „Bilaterale Air Service Agreements" und Transitabkommen zwischen verschiedenen Staaten. Logisch, denn jeder Staat hat gewisse wirtschaftliche Interessen. Eine fremde Airline, die im eigenen Markt wildert und ihn zerstört, gehört sicher nicht dazu! Hier sind einige Punkte, die diese bilateralen (oder sogar multilateralen) Verträge ansprechen:

- der Marktzutritt
- die maximale Sitzplatz-Kapazität zwischen den betreffenden Staaten
- die verschiedenen Tarife (Überflugkosten, Ladegebühren etc.)
- Überflugrechte
- Landerechte

Um das Ganze etwas übersichtlicher für Fluggesellschaften zu machen, hat das Chicagoer Abkommen (aus dem später die ICAO, die International Civil Aviation Organisation, hervorging) die Freiheiten der Luft ins Leben gerufen. Diese „Vorschläge für Luftrechte im kommerziellen Luftverkehr" können als eine Art Fundament für das internationale Flugrouten-Netzwerk verstanden werden. Das Wort „Freiheit" ist hier aber etwas irreführend. Die Freiheiten der Luft greifen nämlich nur innerhalb jener bilateralen und multilateralen Verträge, die wir eben kennengelernt haben.

Die Transitrechte (Transit Rights) gewähren einer Fluggesellschaft das Recht, ein Land zu überfliegen oder in diesem zwischenzulanden, ohne dort Passagiere oder Fracht abzuladen.

Die erste Freiheit

Dies ist das Recht, ein Land zu überfliegen, ohne dort zu landen. Stellen wir uns einfach vor, unsere frisch aus dem Ei geschlüpfte Liberty Airways will von Deutschland (A), ihrem Heimatland, über die Schweiz nach Italien (B) fliegen.

Die zweite Freiheit

Das ist das Recht auf eine technische Zwischenlandung in einem anderen Land, ohne Fracht oder Passagiere zu entladen, also zu nicht kommerziellen Zwecken. Lasst uns für ein Beispiel eine kleine Zeitreise machen: Eine deutsche Airline will in den 1950er-Jahren von Frankfurt am Main (A) nach New York Idlewild (B), so hieß der Flughafen JFK damals, fliegen. Diese Distanz ist für heutige Airliner ein Klacks, damals jedoch war es nicht unüblich, eine Zwischenlandung zum Nachtanken zu machen, zum Beispiel in Halifax (C). Das wäre dann ein technischer Zwischenstopp.

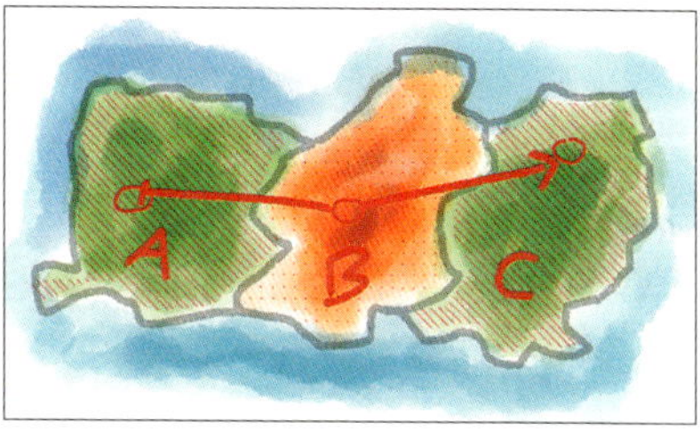

Die dritte und vierte Freiheit

Die Nummer drei der Freiheiten der Luft ist das Recht, Fracht oder Passagiere vom Heimatstaat (A) ins Ausland (B) zu befördern. Das erklärt sich von selbst. In der Realität gestaltet sich das jedoch etwas schwieriger, denn oft ist diese Freiheit aufgrund von bilateralen Verträgen mit Bedingungen verknüpft oder mit Restriktionen verbunden. Emirates (aus Dubai) darf zum Beispiel nur vier deutsche Flughäfen anfliegen (Düsseldorf, Hamburg, Frankfurt am Main und München). Möchte Emirates weitere Destinationen in Deutschland bedienen, so muss sie zu deren Gunsten eine bestehende wieder aufgeben.

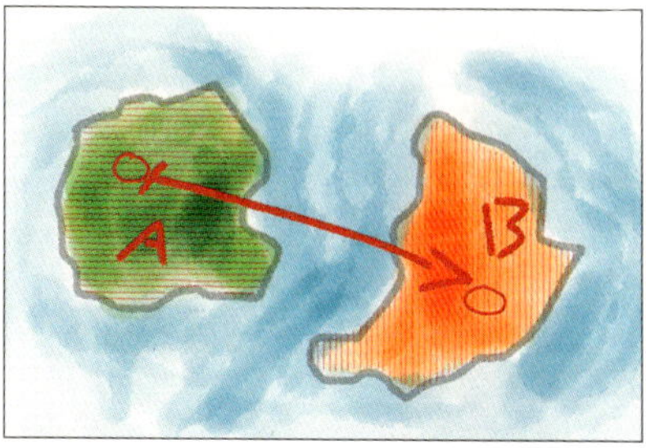

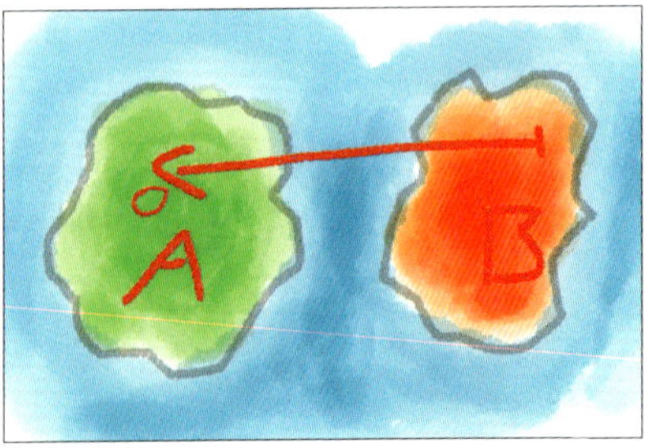

Natürlich wollen wir unser Flugzeug irgendwann einmal wiederhaben. Und die Passagiere, die nicht auswandern wollen, möchten irgendwann auch einmal nach Hause. Die vierte Freiheit gewährt uns das Recht, Passagiere und Fracht aus dem Ausland (B) in den Heimatstaat (A) zu befördern.

Die fünfte Freiheit

Dies ist das Recht, zwischen fremden Staaten zu fliegen, sofern der Anfangs- oder Endpunkt der Route der Heimatstaat ist. Ein Beispiel: Liberty Airways befördert Passagiere von Land A nach Land B, nimmt im Land B erneut Passagiere auf, um sie nach C zu bringen.

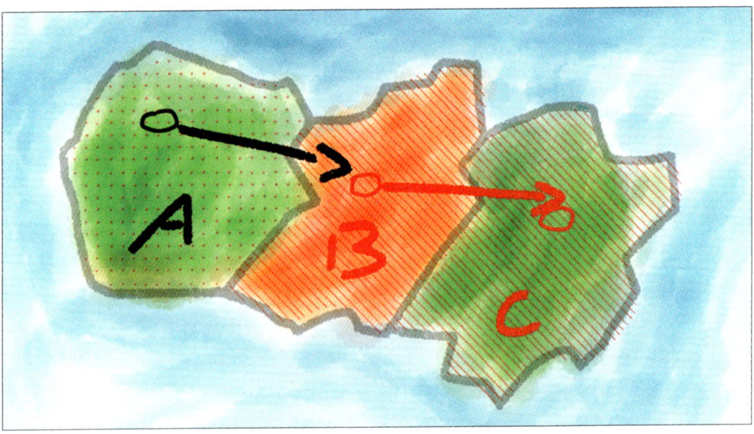

Die sechste Freiheit

Die sechste der Freiheiten der Luft erlaubt den Transport zwischen fremden Staaten (von C über A nach B) mit einer Zwischenlandung im Heimatstaat (z.B. Air Berlin von Warschau über Köln nach New York).

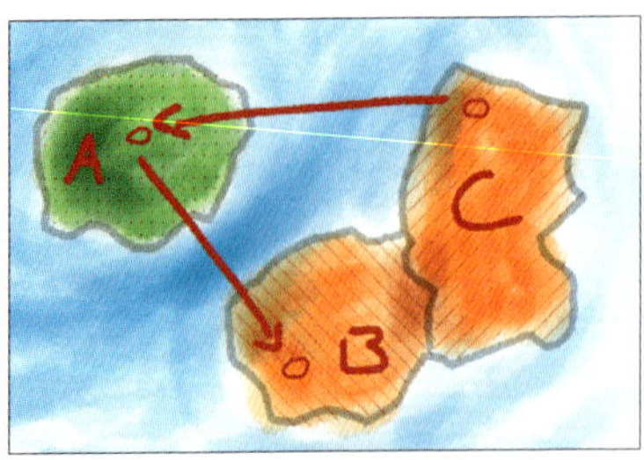

Ryanair ist eine Airline, die stark von der fünften Freiheit profitiert.

Die siebte Freiheit

Dieses Recht ist sehr ungewöhnlich (wenn wir die EU einmal außen vor lassen). Diese Freiheit der Luft gewährt das Recht, den Flugdienst zwischen zwei ausländischen Staaten aufzunehmen, ohne dabei den Heimatstaat zu berühren (von C nach B)! Das ist natürlich nicht im ökonomischen Interesse der meisten Länder. Stellen wir uns vor, dass unsere geliebte Liberty Airways aus heiterem Himmel eine Basis in Timbuktu eröffnet und erklärt, dass sie mit sofortiger Wirkung den Flugdienst von dort in die ganze Welt aufnimmt, das alles natürlich zu Dumpingpreisen und mit dem Ziel, den ortsansässigen Homecarrier vom Markt zu drängen.

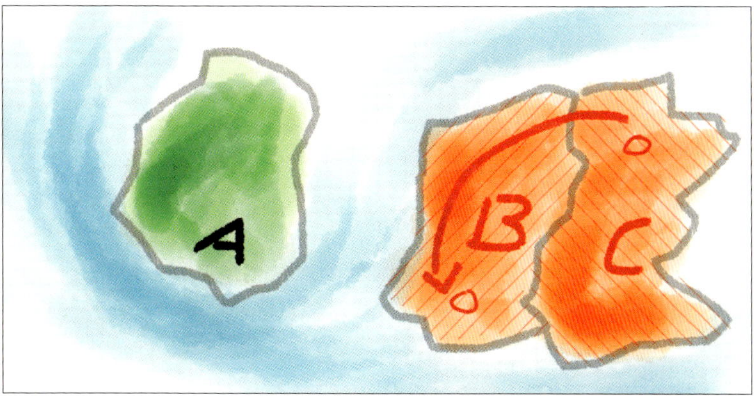

Legacy Carrier

Das volle Programm

41

Widmen wir uns nun ein wenig den heutigen Geschäftsmodellen von Fluggesellschaften. Den Anfang machen hier die sogenannten „Legacy Carrier“. Diese Fluggesellschaften werden von manchen auch als „Full Service Network Carrier“ (FSNCs) tituliert. Hierzu zählen Linienfluggesellschaften wie zum Beispiel die Lufthansa. Diese „Full Service“-Fluggesellschaften wollen traditionell vor allem für Geschäftsreisende und zeitsensitive Kunden interessant sein. Deswegen bieten Airlines wie diese ein auf diese Fluggäste zugeschnittenes Konzept an. Das bedeutet: Viele Frequenzen über den Tag verteilt zu wichtigen Geschäftszentren oder zum Beispiel flexibel zu stornierende Tickets und Lounges für Vielflieger.

Hub and Spoke

Diesen Luxus lassen sich Linienfluggesellschaften natürlich gut bezahlen – das Preisniveau liegt hier deutlich über dem von Billigfluggesellschaften. FSNCs betreiben ein oder mehrere Drehkreuze (sogenannte Hubs). So kann die Auslastung auf wichtigen Strecken (oder Langstrecken) erhöht werden, da hier Passagiere von verschiedensten dezentralen Abflughäfen (Spokes) mit dem gleichen Ziel quasi „gesammelt“ werden. Dieses System nennt sich Hub-and-Spoke-Verfahren. Doch wieso „Legacy“? Dieses Wort kommt aus dem Englischen und bedeutet so viel wie „Erbe“ oder „Vermächtnis“. Viele heutige Full-Service-Fluggesellschaften haben nämlich eine lange Vergangenheit als ehemals staatliche Fluggesellschaft ihres Heimatlandes. So zum Beispiel auch die Lufthansa, die wie bereits erwähnt erst Mitte der 1990er-Jahre privatisiert wurde.

Turkish Airlines ist ein Beispiel für einen Legacy Carrier.

Regionalfluggesellschaften

42

„Feeder" für Legacy Carrier

Regionalfluggesellschaften bedienen in der Hauptsache aufkommensschwächere Routen und verbinden dezentrale Regionalflughäfen mit größeren internationalen Flughäfen. Diese Flüge finden meistens kontinental statt. Meistens (aber nicht immer) dienen Regionalfluggesellschaften als Zubringer für größere Linienfluggesellschaften. Das kommt dem Hub-and-Spoke-Verfahren der Legacy Carrier zugute. Verwendet werden etwas kleinere Flugzeuge, wie zum Beispiel Turboprops, oder Regionaljets wie Bombardier Canadair Jets oder Embraer E-Jets, die in der Regel über nicht mehr als 120 Sitzplätze verfügen.

Low-Cost-Konkurrenz

Es gibt natürlich auch eigenständige Regionalfluggesellschaften, die sich darauf spezialisiert haben, Punkt-zu-Punkt-Verbindungen zwischen Regionalflughäfen anzubieten. Damit haben sie aber einen etwas schwereren Stand, da sich hier vor allem innerhalb der letzten zwei Jahrzehnte nach und nach Low Cost Carrier (siehe nächstes Kapitel) ansiedelten. Im Laufe der Jahre konsolidierte sich der Markt für Regionalfluggesellschaften also. Gute Überlebenschancen haben heute jene Airlines, die im Auftrag für größere Legacy Carrier fliegen. Ein bekanntes deutsches Beispiel ist die Lufthansa CityLine.

KLM Cityhopper, die Regionaltochter der niederländischen KLM

Low Cost Carrier (LCCs)

Siegeszug der Günstig-Airlines

43

Machen wir weiter mit den sogenannten „Billigfluggesellschaften". Diese werden, etwas förmlicher ausgedrückt, als „Low Cost Carrier" bezeichnet. Dazu zählen Fluglinien wie Southwest Airlines, Ryanair und in Teilen auch Germanwings. Diese Airlines sind durch und durch auf Effizienz getrimmt. So wird zumeist nur ein einzelner Flugzeugtyp verwendet, um den Aufwand für die Flugzeugwartung, das Crew-Training und die Flugzeugabfertigung am Boden auf ein Minimum zu beschränken und somit die Kosten zu reduzieren. Der Fachbegriff dafür ist „Fleet Commonality".

Southwest als Pionier

Das Modell der Billigfluggesellschaften kommt aus den USA. Dort wurde der Markt früh liberalisiert, was dazu führte, dass die 1971 gegründete erste Billigfluggesellschaft Southwest einen kometenhaften Aufstieg hinlegte. Ryanair brachte das Modell von Southwest erfolgreich nach Europa. Zu den wichtigsten Merkmalen eines Low Cost Carriers gehören, dass sie, wie schon erwähnt, nur einen Flugzeugtyp nutzen und ihre Flugzeuge durch eine günstige Preispolitik sehr gut auslasten. Daneben gibt es zumeist nur einen Vertriebsweg der Tickets – nämlich über die eigene Website im Internet. Auch das spart Kosten. Zudem werden meist kleinere, sekundäre oder tertiäre Flughäfen angeflogen, um hohe Start- und Landegebühren zu vermeiden. Oft werden auch eigene Terminals genutzt, die auf das Nötigste beschränkt und auf die Bedürfnisse der Airline für schnelle Abläufe zugschnitten sind. Zusatzleistungen wie Essen und Getränke gibt es nur gegen Bares: Das nennt man „No-Frills"-Konzept. Auch andere Extraleistungen wie zum Beispiel die Aufgabe von Gepäck kosten extra. Das Ticket an sich beinhaltet meist nur die reine Beförderung des Passagiers. Auch Vielfliegerprogramme sucht man bei LLCs vergeblich. Daneben wird auf Punkt-zu-Punkt-Verbindungen gesetzt, damit eine Verspätung keine großen Auswirkungen auf den gesamten Flugplan der Airline hat.

Ein Airbus A320 des ungarischen LCC Wizzair

FSNCs, LCCs und Co

44

Vermischte Geschäftsmodelle

Eine Art von Fluggesellschaften, die noch zu erwähnen wäre, sind die „Leisure Carrier". Diese Gesellschaften konzentrieren sich hauptsächlich auf den Transport von Freizeitreisenden und Touristen (von „leisure" für Freizeit abgeleitet). Beispiele hierfür sind die Condor oder TuiFly. Klassischerweise waren diese Airlines Charterfluggesellschaften, die im Auftrag von Reiseunternehmen Flüge durchführten und darauf ihr Geschäft aufbauten. Heute bieten Leisure Carrier allerdings auch eigene Sitzplätze und Linienflüge an.

Verschwimmen der Geschäftsmodelle

Dadurch, dass viele ehemalige staatliche Fluggesellschaften nach und nach privatisiert wurden, setzte eine zunehmende Konsolidierung und Liberalisierung des Marktes ein. Die mit Abstand höchsten Wachstumsraten aller Airlines erzielen heute Low Cost Carrier. Da Linienfluggesellschaften enormem Konkurrenzdruck ausgesetzt sind, übernehmen sie zunehmend Teile des Geschäftsmodells der LCCs, um Kosten zu sparen. Ein aktuelles Beispiel dafür ist die Umstellung des Preismodells der Lufthansa. Wer möchte, kann ab jetzt zum Beispiel Tarife buchen, in denen nur die reine Beförderung – ohne Extras – inklusive ist. Das gab es bisher nur bei Billigfluggesellschaften. Die Grenzen zwischen den Geschäftsmodellen verschwimmen also, besonders auf der Kurzstrecke, zunehmend. Umgekehrt wollen auch Low Coster zunehmend attraktiver für Geschäftskunden werden. Sie bieten nun zum Beispiel auch flexible Tickets an und operieren zunehmend von größeren Flughäfen.

Eine Boeing 737-800 der TuiFly in einer gelben Sonderlackierung

Allianzen in der Luftfahrt

Synergien und strategische Kooperationen

45

Seit den 1990er-Jahren organisieren sich FSNCs und Linienfluggesellschaften auf dem Weltmarkt zunehmend in sogenannten Allianzen, um Synergieeffekte zu erzielen: zum Beispiel durch die Vereinheitlichung der Tickets bei aufeinanderfolgenden Flügen mit mehreren Fluggesellschaften innerhalb einer Airline oder durch gemeinsame Vielflieger-Bonusprogramme, die untereinander kompatibel sind (Miles & More). Auch das gemeinsame Leasen von Flugzeugen kann ein Ziel sein. Hier sind die vier wichtigsten Allianzen aufgelistet:

Star Alliance

Im Jahre 1997 gründeten die Lufthansa, Air Canada, Thai Airways, United Airlines und SAS Scandinavian Airlines die weltweit erste Luftfahrt-Allianz. Bis heute traten nach und nach immer mehr Fluglinien der Star Alliance bei, sodass sich heute 28 Airlines als Mitglied zählen.

Oneworld Alliance

Die nächste Allianz in unserer Liste wurde 1999 von American Airlines, Cathay Pacific, der australischen Qantas, British Airways und Canadian Airlines International gegründet und umfasst heute 16 Fluggesellschaften.

Qatar Airways (Oneworld Alliance) mit einer B777-300 am Flughafen Chicago

Lufthansa-Flugzeug in Star-Alliance-Lackierung: hier ein Airbus A320

SkyTeam

Im Millenniums-Jahr 2000 gründeten Aeroméxico, Air France, Delta Air Lines und Korean Air das Sky Team. Heute bieten innerhalb dieser Allianz 20 Fluggesellschaften täglich 14.000 Flüge zu 916 Zielen weltweit an.

Etihad Airways Partners

Dieses Luftfahrtbündnis wurde 2014 gegründet und umfasst derzeit acht Fluggesellschaften, darunter, wie der Name vielleicht vermuten lässt, Etihad und unter anderem auch Air Berlin (die gleichzeitig Oneworld Mitglied ist). Für Etihad ist diese Partnerschaft sehr sinnvoll, da sie in Deutschland im Rahmen eines bilateralen Abkommens lediglich vier Flughäfen anfliegen darf und deswegen versucht, über sogenannte Codesharing-Flüge mit Air Berlin mehr Flüge von Deutschland nach Abi Dhabi anzubieten.

Interlining

Zwischen den Fluggesellschaften einer Allianz ist zumeist auch sogenanntes „Interlining" möglich. Dies bedeutet, dass man eine Reise mit mehreren Stopps und verschiedenen Fluggesellschaften mit nur einem einzigen Ticket durchführen kann, ganz ohne erneutes Einchecken und Gepäckaufgeben.

Ordnung in der Luft

Air Traffic Control (ATC)

46

Genauso wenig wie Fluggesellschaften einfach hinfliegen dürfen wo sie möchten, dürfen Piloten ganz nach ihrem Gutdünken starten und landen wo und wann sie wollen, auf den Taxiways der Flughäfen durch die Gegend brettern oder einfach auf einer geraden Linie direkt zu ihrer Destination fliegen. Das gäbe ein heilloses Chaos!

Irgendjemand muss also etwas Ordnung in die Lüfte bringen. Genau dafür ist die Flugsicherung (Air Traffic Control) zuständig. Die Flugsicherung hat den Luftverkehr sicher geordnet und flüssig abzuwickeln.

Um das etwas zu vereinfachen, hat die ICAO einige Empfehlungen für Standards herausgegeben. So wird der Luftraum einerseits in den oberen und in den unteren (upper und lower airspace) und andererseits in kontrollierte und unkontrollierte Lufträume eingeteilt. Diese Lufträume werden darüber hinaus noch in sogenannte Klassen gegliedert. Diese Klassen reichen von A bis G (welche Klassen verwendet werden unterscheidet sich von Land zu Land). Jede Klasse hat dabei genau festgesetzte Mindestanforderungen, zum Beispiel hinsichtlich einer minimalen Sichtweite, Abständen zu Wolken und dem Funkbetrieb.

Die Aufgaben der Flugsicherung

An erster Stelle steht die Lenkung und Überwachung des Luftverkehrs. Darüber hinaus stellt die Flugsicherung allerlei Informationen für das fliegende Personal bereit, darunter essenzielle Mitteilungen zur Planung und Durchführung des Fluges vor und währenddessen (Wetterdaten etc.). Auch das Luftraummanagement zur sicheren und immer mehr auch ökonomischen Durchführung von Flügen gehört zu den Aufgaben der Flugsicherung. Sie betreibt außerdem die Infrastruktur zur Telekommunikation, Navigation und Ortung sowie Systeme zum Nachrichtenaustausch. Und natürlich ist die Flugsicherung auch für die Ausbildung ihres Personals verantwortlich.

Kontrollturm am Flughafen Düsseldorf: mit 87 m der höchste Deutschlands

Rushhour in DUS: eine landende Dash 8 Q-400 und ein startender A320

Wie funktioniert die Ordnung des Luftverkehrs?

Doch wie funktioniert die Lenkung und Überwachung des Luftverkehrs? Das Wichtigste zuerst: Die ATC muss zu jeder Zeit sicherstellen, dass die Flugzeuge im Luftraum sowohl horizontal als auch vertikal in den richtigen Abständen zueinander fliegen. Diese Abstände sind exakt definiert und dürfen keinesfalls unterschritten werden. Um das zu gewährleisten, kann der Lotse das Flugzeug „steuern" und zum Beispiel auffordern, einen bestimmten Kurs (heading) zu fliegen, eine bestimmte Höhe zu halten oder auf eine bestimmte Geschwindigkeit zu beschleunigen/abzubremsen. Auf Wunsch des Piloten kann die Flugsicherung auch „Vectors" geben, die Crew navigatorisch unterstützen, Wetterinformationen und viel mehr herausgeben. Das ist natürlich noch nicht alles. Die Flugsicherung verteilt vor dem Abheben sogenannte Streckenfreigaben, die eine Durchführung eines bestimmten Fluges zu einer bestimmten Abflugzeit unter der Einhaltung einer bestimmten Strecke, Flughöhe und Geschwindigkeit erlauben. Daneben weist sie an kontrollierten Flugplätzen die zu benutzenden Start- und Landebahnen sowie Rollwege zu und erteilt die Freigaben zum Rollen, Starten und Landen. Zudem stimmt sie einzelne Flugpläne aufeinander ab, um Konflikte zu vermeiden. In der Luft weist sie den Piloten bestimmte Luftstraßen, Kurse, Radiale und Flughöhen zu.

Slots

Die Zeitfenster der Luftfahrt

47

Ein weiteres Instrument, um die Lüfte der Welt etwas zu ordnen und um überfüllte Flughäfen vor dem endgültigen Chaos zu bewahren, sind sogenannte Slots. Slots lassen sich auf Deutsch etwa mit „Nischen“ übersetzen und sind geschaffen worden, um knappe Infrastrukturen im Luftverkehr, wie zum Beispiel an Flughäfen und in Luftstraßen, zu rationieren. Es gibt genau zwei Arten von Slots in der Welt der Luftfahrt: den Flughafenslot und den Airwayslot.

Der Flughafenslot

Der Flughafenslot ist ganz einfach ein Zeitfenster, in dem eine Fluggesellschaft einen bestimmten Flughafen zum Landen oder Starten benutzen darf; diese Slots werden immer vor einer bestimmten Flugplanperiode verteilt. Wie viele Slots ein bestimmter Flughafen vergeben kann, hängt von verschiedenen Faktoren ab: der Zahl der Runways, der Terminalkapazität oder einem Nachtflugverbot. Eine typische Methode, um die genaue Zahl festzusetzen, ist das Heranziehen des am stärksten limitierenden Faktors (most constraining factor). Dieser Faktor ist an vielen Flughäfen das Runway-System. Flughafenslots werden nötig, wenn die Nachfrage nach Flugbewegungen das Angebot, also die Kapazität der Flughäfen, übersteigt. An solchen Airports wird die Vergabe der Slots koordiniert, zum Beispiel in London Heathrow oder Paris Charles de Gaulle, in Deutschland in Frankfurt am Main, München, Düsseldorf, Berlin Tegel und Schönefeld, Stuttgart und Hamburg. In

Szene am Flughafen JFK in New York in der Rushhour

Flugzeuge warten an der Runway 05L in Düsseldorf, bis sie an der Reihe sind.

Deutschland werden Flughafenslots von staatlich gestellten Koordinatoren für jeweils eine Saison vergeben. Für einen täglichen Liniendienst sind 14 Slotserien nötig, für jeden Tag in der Woche jeweils ein Slot für An- und Abflug. Erhält eine Airline einen Slot, kann sie ihn mit einer anderen im gleichen Verhältnis tauschen, allerdings (in Deutschland) nicht verkaufen. Nutzt die Fluggesellschaft den erhaltenen Slot in der Saison zu mindestens 80%, darf sie ihn auch in der folgenden Saison nutzen. Das nennt man „Großvaterrecht". Die Flughafenslots spielen also eine essenzielle Rolle in der Netzplanung der Airlines, da ohne diese Slots die entsprechenden Flughäfen zur gewünschten Zeit gar nicht angeflogen werden dürfen. Halbjährlich findet übrigens die IATA Slot Conference statt. Diese Konferenz ist die größte Veranstaltung der Organisation, soll ein Forum für die Vergabe von Slots bieten und einen Konsens erleichtern. Im Sommer 2016 richtete Hamburg die „SC" aus.

Der Airwayslot

Kommen wir nun zu der zweiten Art von Slot, dem Airwayslot. Manchmal sind nämlich nicht nur Flughäfen, sondern auch Lufträume überlastet, zum Beispiel bei Gewitter oder Stürmen, die umflogen werden müssen, Vulkanausbrüchen usw. Tritt eine solche Überlastung auf (oder ist sie abzusehen) verteilen das Directorate Network Management (DNM), die Verkehrsflusssteuerung der EUROCONTROL (europäische Flugsicherungsbehörde) in Brüssel, die sogenannten Airwayslots. Diese Slots weisen Flugzeugen kleine Zeitfenster von 15 Minuten zu, in denen sie ihren Flug antreten können. Natürlich kann die Fluggesellschaft auch einen früheren Slot beantragen oder die EUROCONTROL bietet einen an. Mithilfe dieser Einbeziehung der Airlines wird aktiv versucht, eventuelle Verspätungen auf ein Minimum zu reduzieren. Dadurch, dass diese Vergabe am Boden stattfindet, wird außerdem vermieden, dass Flugzeuge unnötig Zeit in der Luft verschwenden und Kerosin verbrennen. Das ist sowohl ökonomisch als auch ökologisch sinnvoll.

Luftfahrzeugkennzeichen

Codierte Flugzeug-Identitäten

48

Das Luftfahrzeugkennzeichen ist, vereinfacht ausgedrückt, das Nummernschild eines Flugzeugs, Hubschraubers oder sonstigen Gerätes, das sich durch die Luft bewegen kann. Dahinter steckt ein logisches System, aus dem man einige Informationen über das Luftfahrzeug beziehen kann.

Am Heck eines Flugzeuges befindet sich eine kleine Flagge, daneben eine Folge aus fünf Buchstaben. Das ist das sogenannte Luftfahrzeugkennzeichen. Doch da Flugzeuge nur selten in der Luft in eine Verkehrskontrolle der Polizei geraten oder geblitzt werden, müssen diese ominösen Lettern doch einen anderen Sinn haben. Nur welchen? Ganz einfach: Der alphanumerische Code an der Maschine dient dazu, das Luftfahrzeug samt seinem Besitzer und seiner Staatsangehörigkeit eindeutig zu identifizieren. Die ICAO hat jedem Land ein Staatszugehörigkeitszeichen zugewiesen. Für Deutschland ist dieses Zeichen – einfacherweise – ein D. Mit diesem

Heckansicht eines Germanwings A320 mit gut erkennbarem Kennzeichen

Hubschrauber der deutschen Bundespolizei

Buchstaben beginnen alle hiesigen Luftfahrzeugkennzeichen. Genauer gesagt setzen sich die deutschen Kennzeichen folgendermaßen zusammen: D- plus vier Zahlen für Segelflugzeuge (z.B. D-3124) und D- plus vier Buchstaben für jegliche anderen Luftfahrzeuge (z.B. D-ABYT). Diese Regelung lässt sich natürlich noch ein wenig verfeinern.

Luftfahrzeugkennzeichen in Deutschland

D-A***: Flugzeuge mit einer MTOM (maximum take off mass, maximales Startgewicht) von über 20 Tonnen
D-B***: Flugzeuge mit einem Höchstabfluggewicht von 14 bis 20 Tonnen
D-C***: Flugzeuge mit einem MTOM von 5,7 bis 14 Tonnen
D-E***: einmotorige Flugzeuge, die bis zu zwei Tonnen wiegen
D-F***: einmotorige Flugzeuge, die zwischen zwei und 5,7 Tonnen wiegen
D-G***: mehrmotorige Flugzeuge, die bis zu zwei Tonnen wiegen
D-H***: sogenannte Drehflügler (also auch Hubschrauber)
D-I***: mehrmotorige Flugzeuge die zwischen zwei und 5,7 Tonnen wiegen
D-K***: Motorsegler
D-L***: Luftschiffe
D-M***: motorisierte Luftsportgeräte wie Ultraleichtflugzeuge, die unter 472,5 kg wiegen
D-N***: nichtmotorisierte Luftsportgeräte, z.B. Paraglider
D-O***: Gas- und Heißluftballone
D-1234: nichtmotorisierte Segelflugzeuge (1234 steht hierbei natürlich nur beispielhaft für eine Zahlenkombination)

Flughafen-Codes

Drei-Letter-Code und ICAO-Code

49

Flughäfen, Flugplätze und sonstige Landeplätze müssen irgendwie unterschieden werden können. Aus diesem Grund besitzen alle Flughäfen unseres Planeten einen Code, der sie identifiziert. Einen Code? Das stimmt nicht ganz: Es gibt sogar zwei. Dieses Kapitel hat das Ziel, etwas Licht ins Dunkel zu bringen und das System der sogenannten IATA- und ICAO-Codes zu erklären. Ein KLAX, nicht wahr? (KLAX ist der ICAO-Code für Los Angeles.)

Drei Buchstaben – der IATA-Code

Das erste Kürzel, welches auch den meisten Passagieren geläufig sein dürfte, ist der sogenannte IATA (International Air Transport Association)-Code, der aus drei Buchstaben besteht und daher passend auch „Drei-Letter-Code“ genannt wird. Diese Codes haben ihre Wurzeln in den 1930er-Jahren und leiteten sich damals aus den zweistelligen Abkürzungen der lokalen Wetterstationen ab. Ein eindeutiges Vergabesystem für die IATA-Codes besteht heute nicht. Einige Drei-Letter-Codes lehnen sich ganz einfach an den Städtenamen an (zum Beispiel DOR für den Flughafen Dortmund und HAM für Hamburg), andere Airport-Kürzel orientieren sich am Namen des Flughafens (zum Beispiel ARN für den Flughafen Stockholm Arlanda). Insgesamt gibt es für diese Drei-Letter-Codes 17.576

Der Flughafen Köln/Bonn hat die Kürzel CGN und EDDK.

Einer der bekanntesten Drei-Letter-Codes: LAX für den Flughafen Los Angeles

mögliche Kombinationen. Das klingt nach viel, allerdings sind einige Kürzel für Flughäfen bereits doppelt vorhanden. Diese Flugplätze sind jedoch klein und liegen auf verschiedenen Kontinenten, sodass kein Verwechslungsproblem entstehen sollte.

Die Drei-Letter-Codes müssen aber nicht nur zum einfachen Auseinanderhalten der Airports dieser Welt dienen – sie eignen sich auch hervorragend als Marketinginstrument für die Flughafenbetreiber, da sie kurz, knackig und einprägsam sind. So sind die Codes für den Los Angeles International Airport (LAX) oder den John F. Kennedy International Airport in New York City (JFK) fast schon zu einer Art Markenname geworden!

Der vierstellige ICAO-Code

Die andere Art von Airport-Codes wird von der Flugsicherung und den Airlines genutzt: Die Rede ist vom ICAO-Code. Dieser Code besteht aus vier Buchstaben und folgt bei der Vergabe einem strengen System. Das erste Zeichen im ICAO-Code steht für einen Kontinent oder eine Ländergruppe, auf dem bzw. in der sich der Flughafen befindet (zum Beispiel E*** für einen Platz in Nordeuropa; Südeuropa beginnt mit dem Buchstaben L). Der zweite Buchstabe bezieht sich auf ein Land innerhalb dieser Gruppe (ED** für einen Platz in Deutschland). Die zwei letzten Zeichen identifizieren letztendlich den Flughafen (z.B. EDDL für Düsseldorf).

50 Einteilung von Flughäfen

Von Gruppe 1 bis Gruppe 4

Das Airports Council International (ACI) ist eine Art Lobby-Verband, der mehr als 1.600 Flughäfen in über 178 Ländern weltweit repräsentiert. Das ACI hat für Flughäfen vier Gruppierungen entwickelt. Gruppe 1 sind große Drehkreuze (englisch „Hubs“), die mehr als 25 Mio. Passagiere jährlich abfertigen können. Hierzu zählen die Flughäfen in Frankfurt am Main, London Heathrow, Dubai oder Tokyo. Flughäfen mit einer jährlichen Passagierspanne von 10–25 Mio. zählen zur Gruppe 2, zum Beispiel der Flughafen Düsseldorf und seit einiger Zeit auch der Flughafen Köln/Bonn, der vor allem durch den Zuzug von Low Cost Carriern und der Einführung der Langstrecke von Eurowings ein starkes Wachstum erlebte. Zur Gruppe 3 gehören Flughäfen mit 5–10 Mio. Passagieren pro Jahr wie der Flughafen Hannover. Alle Flughäfen mit weniger Passagieren finden sich in der Gruppe 4.

Primär-, Sekundär-, Tertiär- und Quartiärflughäfen

Daneben teilt man Flughäfen oft auch in Primär-, Sekundär-, Tertiär- und Quartiärflughäfen ein. Primärflughäfen sind Hubs mit sehr großem Einzugsgebiet und interkontinentalem Linienverkehr (in Deutschland nur Frankfurt am Main und München). Sekundärflughäfen haben ein großes Einzugsgebiet und orientieren sich oft an den umliegenden Drehkreuzen (Zubringerfunktion); sie weisen noch eine signifikante Anzahl an internationalen, aber weniger interkontinentalen Linienverbindungen auf (z. B. Düsseldorf und Hamburg). Zu Tertiärflughäfen zählen solche mit kleinem Einzugsgebiet und regionaler Bedeutung wie Nürnberg und Dresden, Quartiärflughäfen sind meist ehemalige Militär- oder Regionalflughäfen, die vor allem von LCCs angeflogen werden (z. B. Lübeck).

Blick auf das Vorfeld des Düsseldorfer Flughafens, einem Airport der Gruppe 2

Die Schwarze Liste der EU 51

Unsichere Fluggesellschaften

Im Bild unten ist ein schöner Airbus A320-200 der indonesischen Batik Air im „Final Approach“, also im Endanflug, zu sehen. Ausgerüstet ist das Flugzeug mit sogenannten „Sharklets“, die den Treibstoffverbrauch reduzieren. Okay, das ist schön und gut. Aber was hat dieses Flugzeug oder, besser gesagt, diese spezifische indonesische Airline mit diesem Kapitel zu tun? Ganz einfach: Batik Air steht auf der Liste der Luftfahrtunternehmen, denen der Betrieb in der EU untersagt ist – der Schwarzen Liste der EU! „Landet“ eine Airline auf dieser Liste, wird sie von der EU als unsichere Fluggesellschaft eingestuft und darf weder in den europäischen Luftraum einfliegen noch auf EU-Territorium landen.

Sicherheit im europäischen Luftraum

Die Schwarze Liste stellt also sicher, dass nur Fluggesellschaften, die den hohen Sicherheitsstandards der EU gerecht werden, in die EU einfliegen dürfen. Schon kleinste Nachlässigkeiten oder Fehler bei der Wartung von Flugzeugen können zu schrecklichen Katastrophen führen – es gibt wenige Branchen, bei denen die Einhaltung von strengen Sicherheitsbestimmungen so lebenswichtig ist wie in der Luftfahrtindustrie. Deswegen sollte man es tunlichst vermeiden, mit einer Airline zu fliegen, die auf der Schwarzen Liste steht, auch wenn es sich manchmal vielleicht doch nicht vermeiden lässt. 2009 stand – neben vielen anderen – tatsächlich noch jede philippinische Fluggesellschaft auf der Schwarzen Liste der EU!

Ein A320 der indonesischen Batik Air, die auf der „Schwarzen Liste“ steht

Yield Management

52

Wie werden Tickets kurz vor Abflug teurer?

Viele kennen es. Man entschließt sich kurzfristig, noch einmal verreisen zu wollen, oder ein wichtiger Geschäftstermin, der schon in drei Tagen stattfindet, ergibt sich. Man will oder muss also einen bestimmten Flug buchen, doch der Preis schnellt in enorme Höhen. Warum ist das so? Der Grund dafür ist das sogenannte Yield Management, ein Aufgabenfeld im Airline Management bzw. der Airline-Verwaltung. Die Aufgabe im Yield Management ist es, einen Mittelweg zwischen einem hohen Seat Load Factor (SLF, einer hohen Auslastung der Sitze) mit einem niedrigen Ertrag pro Passagier und einem niedrigen SLF mit hohem Ertrag pro Passagier zu finden.

„Willingness to Pay"

Passagiere haben generell unterschiedliche Zahlungsbereitschaften, und Airlines haben dafür unterschiedliche Buchungsklassen entwickelt. Hierbei handelt es sich nicht um die bekannten First, Business und

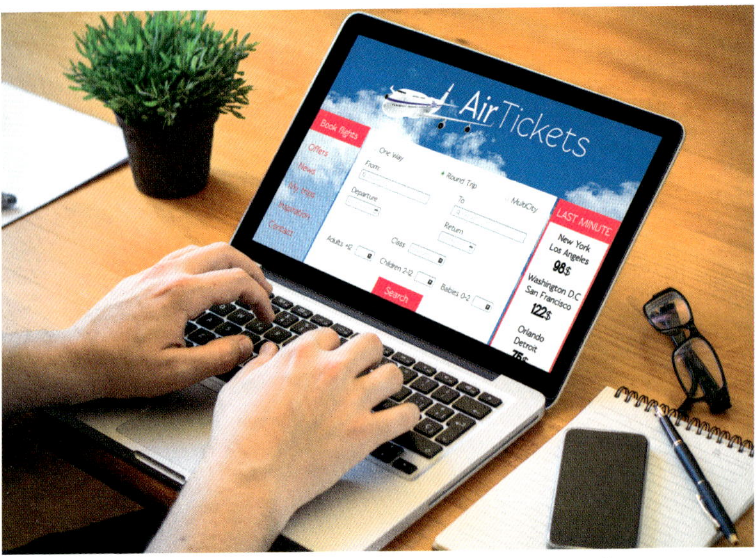

Bei der Preisvielfalt der Tickets behält man manchmal nur schwer den Überblick.

Ein Beispiel für am Flughafen ausgedruckte Boardingpässe

Economy Classes, sondern einfach gesagt um unterschiedlich teure Tarife innerhalb der Compartments mit bestimmten Bedingungen (Fare Restrictions). Um den Unternehmensgewinn zu erhöhen, versuchen Fluggesellschaften, die (maximale) Zahlungsbereitschaft der Kunden („Willingness to Pay") zu antizipieren bzw. ihnen die richtige Buchungsklasse anzubieten.

Yield Management – die Königsdisziplin der Airlines

Welche Buchungsklasse einem Passagier angeboten wird, hängt von unterschiedlichen Faktoren ab, wie den Buchungszeiträumen/Reiselängen und Buchungszeitpunkten. Passagiere, die lange vor Reisebeginn buchen und länger als fünf Tage am Zielort bleiben, sind üblicherweise touristisch unterwegs. Das Yield Management System erkennt diese Parameter und würde dem Ticket-Interessenten dementsprechend eine eher günstigere Buchungsklasse/Ticket anbieten. Das Gegenteil gilt natürlich für Geschäftskunden. Diese sind meistens weniger preissensitiv und müssen dazu flexibler sein. Typisch für diese Kunden sind ein kurzer Reise- und Buchungszeitraum. Diesen Passagieren wird also ein teureres Ticket angeboten. Das Yield Management ist eine der Königsdisziplinen im Airline Management, in der umfangreiche Rechenmodelle mit Abertausenden Variablen in Computerprogramme eingespeist werden.

No-Shows

53

Warum sind Flüge manchmal überbucht?

Bewegen wir uns abermals ein wenig in die Welt des Yield Managements. Manche Passagiere werden es kennen. Sie haben einen Flug gebucht, stehen am Flughafenschalter und wollen einchecken. Plötzlich wird man damit konfrontiert, dass die Maschine überbucht sei und man gegen eine Entschädigungszahlung auf einen späteren Flug ausweichen könne. Ärgerlich – das Flugzeug hat doch nur eine bestimmte Anzahl an Plätzen! Warum verkaufen die Airlines also mehr Tickets, als Sitze in der Maschine vorhanden sind? Auch hier kommt wieder das Yield Management ins Spiel: Auf den meisten Flügen gibt es sogenannte „No-Shows“, also Menschen, die aus verschiedensten Gründen ihren Flug bezahlt haben, aber nicht antreten, zum Beispiel aufgrund von Krankheit oder weil ein Geschäftstermin kurzfristig geplatzt ist. Die Sitze dieser Passagiere sind dann logischerweise nicht mehr besetzt.

Dichtes Gedränge beim Boarding des Flugzeugs

Trotz einiger No-Shows kann die Schlange am Check-In-Schalter lang werden.

Die Balance macht's

Würde die Fluggesellschaft also auf das Überbuchen verzichten, so würden diese Plätze auch unbesetzt bleiben und der Airline geht potenzieller zusätzlicher Ertrag flöten. Genau das versucht man durch Overbooking zu verhindern. Mit der Hilfe von komplizierten statistischen Modellen versucht man zu determinieren, wie viele Sitze auf einem Flug X wohl durch No-Shows unbesetzt bleiben. Genau diese Anzahl an Tickets wird dann zusätzlich verkauft. Hierbei die richtige Balance zu finden, ist die eigentliche Kunst: Überbucht man zu wenig, bleiben Sitze frei und der entsprechende Umsatz ist für immer verloren; denn anders als zum Beispiel bei Waren im Supermarkt kann man einen Sitz für einen bestimmten Flug zu einer bestimmten Zeit ja nicht einfach lagern und am nächsten Tag wieder verkaufen. Überbucht man hingegen zu viel, müssen Kompensationen an die verprellten Passagiere am Gate bezahlt werden.

Doch wie machen das eigentlich Low Cost Carrier? Naturgemäß sträuben sie sich ja vor vielem, was zu großen Verwaltungsaufwand bedeutet. Statistisch gesehen treten Urlauber ihren Flug mit größerer Wahrscheinlichkeit an als Geschäftsreisende. Deswegen ist ein Überbuchen bei Billigfluggesellschaften eher die Seltenheit. Doch es gibt einen anderen Trick, mit dem LCCs zusätzlichen Umsatz aus No-Shows schöpfen. Bei vielen LCCs gibt es eine sogenannte „No-Show-Gebühr", die mitunter erheblich höher als der eigentliche Flugpreis sein kann. Diese wird zum Beispiel erhoben, wenn ein Passagier seinen Flug verpasst und auf den nächsten umbuchen möchte. Dazu kommt die Differenz zum neuen Flugpreis.

Flugsicherheit

54

Fliegen ist sicher. Sehr sicher!

Eine enge Metallröhre, die mit Dutzenden Tonnen brennbarem Treibstoff beladen und atemberaubender Geschwindigkeit durch die Luft jagt, in Höhenregionen, in denen der Mensch ohne Hilfe nicht überleben könnte, ein tonnenschweres Gefährt, das auf engen Start- und Landebahnen auf 200 km/h und mehr beschleunigt und wieder stark abgebremst wird, Landungen bei schlechter Sicht und Flüge durch den Sturm – kann das sicher sein?

Strenge Standards und aufwendige Kontrollen

Die kurze Antwort auf diese Frage lautet: Ja! Der Gedanke der Flugsicherheit zieht sich wie ein roter Faden durch alle Bereiche der Luftfahrt. Das fängt bei der sogenannten Redundanz an. Jedes wichtige System und Teil ist mindestens doppelt, wenn nicht sogar dreifach, vorhanden. So kann im Falle eines Versagens ein anderes einspringen. Jedes noch so kleine Bauteil eines Flugzeugs ist exakt für seine Bestimmung getestet und zuge-

Ein Pilot überprüft beim „Walkaround“ vor dem Abflug das Triebwerk.

Ein „Center-Lotse" der Flugsicherung bei der Arbeit

lassen und hat eine genau definierte Lebensdauer, nach der es ersetzt werden muss. Alle paar Jahre müssen Flugzeuge zudem generalüberholt werden. Das ist zwar aufwendig und teuer, gewährleistet aber eine sichere Operation über viele Jahre oder sogar Jahrzehnte hinweg.

Gründliche Auswahl des Personals

Auch die Kriterien und Richtlinien bei der Auswahl der fliegenden Besatzung sind äußerst hoch und die ideale Airline ist bestrebt, so wenig Druck wie möglich auf diese auszuüben – Sicherheit vor Profitmarge! Piloten müssen zweimal im Jahr ihr Können und ihre Verfahrenssicherheit im Simulator unter Beweis stellen sowie ihre Flugtauglichkeit beim Flugmediziner testen lassen.

Das alles macht die Luftfahrt zur sichersten Transportmöglichkeit, gemessen an Unfällen pro zurückgelegtem Kilometer. Momentan verunglücken pro einer Million Flüge gerade einmal 0,7 Menschen. Dies ist eine Verbesserung von ganzen 80% in den letzten 15 Jahren. Ein Flugzeugunglück ist im Flugbetrieb, wie man sieht, also nicht die Regel, sondern die krasse Ausnahme. Noch ein Beispiel für die Statistiker: Lag die Wahrscheinlichkeit, bei einem inneramerikanischen Flug zu sterben, im Jahr 1959 bei 1:250.000, so liegt sie heute bei gerade einmal 1:29 Millionen. Die Liste der sichersten Airlines führte im Jahr 2015 Cathay Pacific aus Hongkong an. Die Lufthansa landete auf Platz 12.

Die Flugbegleiter

Mehr als nur „Saftschubse"!

55

Die folgenden Kapitel haben das Ziel, die verschiedenen Mitglieder einer typischen Besatzung eines Verkehrsflugzeugs und deren Verantwortungsbereiche etwas näher vorzustellen: Das sogenannte „fliegende Personal" also. Den Anfang sollen hier die Flugbegleiter machen.

Flugbegleiter zu sein bedeutet weitaus mehr als das bloße Servieren von Kaltgetränken und Tomatensaft für durstige Reisende. Neben der Betreuung der Fluggäste ist die zweite wesentliche Aufgabe von Flugbegleitern das Gewährleisten der Sicherheit an Bord. Das fängt schon vor dem Start des Flugzeugs mit der Vorführung der Sicherheitsinstruktionen an:

Wie lege ich meinen Sicherheitsgurt richtig an?
Wie verhält man sich im Falle eines Druckabfalls?
Wie lege ich im Falle einer Notwasserung die Schwimmweste korrekt an?

Beim Boarding werden die Gäste vom Flugbegleiter begrüßt.

Sie gibt klare Instruktionen: eine Flugbegleiterin beim Bordservice.

Maßnahmen im Notfall

Die weitere Verantwortung besteht darin, etwaige zu leistende Erste-Hilfe-Maßnahmen durchzuführen, Brände an Bord zu bekämpfen und, vor allem, das Flugzeug im Notfall so schnell wie möglich zu evakuieren. Doch wie viele Flugbegleiter sind pro Flugzeug eigentlich vom Gesetz her obligatorisch? Kleinflugzeugen mit bis zu 19 Passagieren sind de jure keine Flugbegleiter vorgeschrieben. Ab dem 20. Passagier ist jedoch ein Flugbegleiter notwendig, danach laut Gesetz bei jedem weiteren 50. Sitzplatz immer ein Flugbegleiter mehr.

Der Beruf des Flugbegleiters/der Flugbegleiterin ist also durchaus sehr abwechslungsreich. Übrigens: Die Ausbildung dazu dauert je nach Fluggesellschaft und Aufbau des Trainingsprogramms zwischen sechs Wochen und circa vier Monaten. Diese Ausbildung wird an besonderen Fachschulen durchgeführt. Zusätzlich zu den oben genannten Aufgaben lernt man in diesem Lehrgang auch, über die nötigen Transportdokumente Bescheid zu wissen. Neben der mittleren Reife sollte man für diesen Beruf unbedingt auch sichere Englischkenntnisse an den Tag legen können. Aufgrund der Arbeitszeiten und langen Abwesenheiten vom Einsatzort kann dieser Beruf natürlich durchaus belastend sein. Wie man sieht, gehört zum Flugbegleiter-Dasein wirklich wesentlich mehr als nur das Servieren von Getränken an Bord!

Die Purser

Bindeglied zwischen Kabine und Cockpit

56

Der „Purser" (weiblich Purserette) fungiert als Kabinenchef der Besatzung und ist damit eine Art Bindeglied zwischen der Kabine und dem Cockpit. Laut Gesetz ist der Purser der Flugbegleiter mit dem höchsten Rang und trägt gegenüber dem Kapitän die Verantwortung dafür, dass alle im Flugzeughandbuch festgelegten Sicherheitsverfahren in der Kabine korrekt durchgeführt und eingehalten werden.

Chef de Cabine

Für den Beruf des Pursers gibt es noch zahlreiche andere Begriffe. Einige von ihnen sind zum Beispiel Chef de Cabine, Maître de Cabine bei der SWISS, Cabin Chief oder Cabin Service Manager bei der australischen Qantas. Der Begriff Purser ist in der Luftfahrt spätestens seit den 1950er-Jahren sehr gebräuchlich, seit die legendäre (und inzwischen Konkurs gegangene) Pan Am diesen Terminus offiziell einführte. Die Berufsbezeichnung „Purser" wird auch bei der Lufthansa offiziell verwendet. Hier gibt es sogar noch ein Paar weitere Abstufungen: so gibt es auf der Langstrecke zwei Purser, den ranghöchsten P2 und seinen Stellvertreter, den P1.

Eine Purserin der Lufthansa an Bord eines Airbus A380

Der Flugkapitän

57

Oh Captain, my Captain

Zeit für den Kommandanten des Flugzeugs: der Flugkapitän (CPT). Der Captain, oder auch Pilot in Command (PIC), ist der Flugzeugführer, der die Verantwortung für das Luftfahrzeug und seine Passagiere trägt. Der Flugkapitän hat zu jeder Zeit die volle Weisungs- und Entscheidungsbefugnis und ist quasi der „befehlshabende Luftfahrzeugführer". Er trägt somit auch die rechtliche Verantwortung, auch dann noch, wenn er einige seiner Aufgaben an den ersten Offizier delegiert. In Flugzeugen sitzt der Captain im Cockpit vorne links, bei Hubschraubern dagegen vorne rechts.

Wie wird man Kapitän?

Um auf einem Verkehrsflugzeug in Europa Kapitän zu werden, braucht man grundsätzlich erst einmal eine Air Transport Pilot License (ATPL). Um diesen Schein ausgehändigt zu bekommen, muss man mindestens 1.500 Flugstunden und einen Check im Simulator auf einem Verkehrsflugzeug vorweisen können. Für die Kapitänslizenz gilt es weiter, noch einen Kapitänslehrgang zu absolvieren. Außerdem werden unter der strengen Beobachtung eines sogenannten Trainings- (bzw. Check-) Kapitäns noch mehrere Streckenflüge durchgeführt. Bei der Lufthansa muss man, auch wenn man schon einen ATPL besitzt, mindestens 3.000 Flugstunden vorweisen können, um zum Kapitänslehrgang zugelassen zu werden.

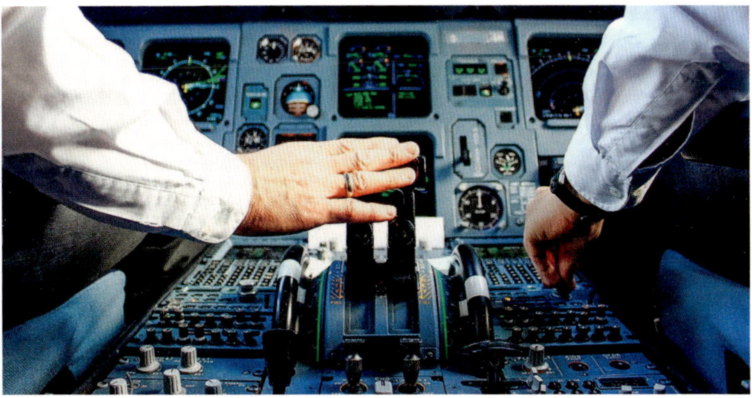

Ein Flugkapitän bedient die Schubhebel seines Airbus A320.

Der erste Offizier

„Darf der überhaupt schon fliegen?"

58

Der erste Offizier, auch Copilot genannt, sitzt im Cockpit vorne rechts (bei Hubschraubern links). In der Hierarchie steht der „First Officer" (FO) direkt unter dem Kapitän bzw. dem verantwortlichen Piloten. Sollte dieser aus irgendeinem Grund handlungsunfähig werden, so übernimmt der erste Offizier das Kommando und die Verantwortung für das Luftfahrzeug sowie dessen Passagiere und die Besatzung. Der Copilot fungiert also rechtlich als Stellvertreter des Kapitäns.

Der Senior First Officer

Einen Sonderfall stellt der sogenannte Senior First Officer (SFO) dar. Dieser wird vor allem bei Ultralangstreckenflügen eingesetzt, um den Kapitän während des Reiseflugs abzulösen (Pilot in Command Relief). In der Hierarchie steht der SFO zwischen dem Captain und dem First Officer.

Es gibt einige, die vermuten, dass der Copilot quasi nur ein „Pilot Light" ist und dem Kapitän nur bei seiner Arbeit unter die Arme greift. Dem ist

Ein Kapitän und sein erster Offizier beim Briefing vor dem Abflug

Blick vom Sitz des „Co-Piloten" aus dem Cockpit in den Sonnenuntergang

natürlich nicht so. Sowohl der Kapitän als auch der erste Offizier sind gleichermaßen qualifiziert, einen Flug in normalen und außergewöhnlichen Situationen durchzuführen. Üblicherweise wechseln sich der Kapitän und der erste Offizier in ihren Aufgaben bei jedem Leg, also jedem Abschnitt einer Gesamtflugstrecke, ab. Mehr dazu in den folgenden Kapiteln „Pilot Flying" und „Pilot Not Flying". Doch wie wird man erster Offizier beziehungsweise Pilot? Da gibt es viele unterschiedliche Wege, zum Beispiel kann bei privaten Flugschulen auf eigene Faust die Verkehrspilotenlizenz erworben werden. Ferner bilden einige Fluggesellschaften auch selbst Piloten im Rahmen von sogenannten „Ab Initio"-Programmen aus. Die Kosten sind aber sehr hoch und müssen oftmals selbst getragen werden.

First Officer – zwei oder drei Streifen?

Es gibt Copiloten mit zwei, aber auch mit drei Streifen am Ärmel. Das hängt bei einigen Fluggesellschaften mit der Erfahrung des Piloten zusammen. Erste Offiziere beginnen jedoch oft mit drei Streifen am Ärmel.

Pilot Flying

„I have Control!“

59

Pilot und erster Offizier wechseln sich also üblicherweise nach jeder Landung mit ihren Aufgaben ab. Sonst würde der erste Offizier ja nie an seine Flugerfahrung kommen!

Hierbei unterscheidet man zwischen dem Pilot Flying (PF) und dem Pilot Not Flying (PNF). Der Pilot Flying tut genau das: Er fliegt das Luftfahrzeug. Das umfasst die sichere Steuerung des Flugzeugs gemäß der Reglungen des Betriebshandbuchs, die Beobachtung des Luftraumes, die Umsetzung und Einhaltung der Vorgaben der Flugsicherung, die Bedienung des Autopiloten und des Flight Management Systems für die Flugführung.

Arbeitsteilung im Cockpit

Benötigt der PF etwas oder muss eine bestimmte Aktion durchgeführt werden, die nichts unmittelbar mit der Steuerung des Flugzeugs zu tun hat, so gibt der PF ein Kommando – zum Beispiel „Gear Up“ zum Einfahren des Fahrgestells, sobald eine positive Steigrate erreicht wurde, oder für das Setzen der Landeklappen, Lichter, Funkfrequenzen etc. Üblicherweise führt der PF vor dem Flug das Briefing der Besatzung durch. Wenn er die Aufgabe der Flugzeugsteuerung temporär nicht wahrnehmen kann (das ist zum Beispiel der Fall, wenn er eine Passagieransage machen möchte), so kann er die Flugzeugführung an den Pilot Not Flying übergeben. Das geschieht ganz einfach mit den Worten „You have Control“. Der PNF quittiert diese Aussage dann mit den Worten „I have Control“. Wie man sieht, ist das Führen eines Airliners kein Job für Einzelkämpfer, sondern Teamarbeit!

Nicola Lisy, die erste Flugkapitänin der Lufthansa

60

Pilot Monitoring

„You have Control!"

Der Pilot Not Flying, auch Pilot Monitoring (PM) genannt, unterstützt den Pilot Flying und nimmt alle Aufgaben wahr, die dieser nicht übernimmt. Also eigentlich alles außer der Steuerung des Luftfahrzeugs. Das umfasst den Kontakt mit der Flugsicherung, das Vorlesen der Checklisten, das Einstellen der Frequenzen für Funk und Navigation, das Bedienen der Flaps (der Klappen oder Auftriebshilfen), des Fahrwerks und der Lichter. Zu den weiteren Aufgaben des PNF gehören zum Beispiel die ständige Überwachung aller Instrumente auf deren Funktionstüchtigkeit und Genauigkeit sowie des Flugwegs und der Flughöhe.

Vorausschauen und Mitdenken

Auch wenn der PNF das Flugzeug nicht unmittelbar selbst steuert, muss er immer vorausschauend mitdenken und bereit sein, dem PF unter die Arme zu greifen und zu helfen, falls die Situation das erfordert. Unabhängig davon muss der Pilot in Command, also der Kapitän, zu jedem Zeitpunkt den Überblick über die Gesamtsituation behalten, da er, wie bereits erwähnt, die Verantwortung für die Sicherheit des Fluges trägt.

Ein Co-Pilot eines russischen Löschflugzeugs

EFIS – das Glascockpit

Erhöhte Übersicht für die Piloten

61

Beschäftigen wir uns ein wenig mit dem Herz eines jeden Flugzeuges – dem Cockpit. Hier soll es, um den Rahmen nicht allzu sehr zu sprengen, insbesondere um das „typische“ Cockpit eines modernen Airliners gehen: das Glascockpit! Bis in die späten 1980er-Jahre tummelten sich in den Cockpits von Verkehrsflugzeugen allerlei analoge Instrumente, die sich aufgrund der Einführung immer neuer Sensoren und Techniken, zum Beispiel für die Navigation, enger und enger aneinanderreihten. Das verlieh den Pilotenkanzeln den Charme eines Uhrenladens.

Nach und nach begannen die Flugzeughersteller, einen Teil dieser Zeigerinstrumente durch Röhrenbildschirme zu ersetzen. Eine Art Pionier auf der Mittel- und Langstrecke waren hierbei der Airbus A310 und die Boeing 757 bzw. 767; der künstliche Horizont wurde digitalisiert und ein Navigationsdisplay eingebaut, das die Flugroute visualisierte und andere Informationen (zum Beispiel den Kurs) anzeigte. Nach und nach wurden immer mehr Instrumente durch diese Displays ersetzt.

Das Glascockpit eines Airbus A320

Der Arbeitsplatz eines Flugingenieurs im Cockpit einer Lockheed Super Constellation

Das Glascockpit – eine immense Hilfe

Das erste Verkehrsflugzeug, das konsequent nahezu alle wichtigen Anzeigen, wie zum Beispiel auch die Instrumente zur Überwachung der Triebwerke und der hydraulischen Systeme, durch Bildschirme ersetzte, war der Airbus A320, der 1989 das Licht der Welt erblickte. Das sogenannte „Glascockpit" war in der Airline-Industrie angekommen – im Fachjargon heißt das „Electronic Flight Instrument System" (EFIS). Diese Displays haben die Übersichtlichkeit im Cockpit immens erhöht und sind einer der Gründe, warum der Beruf des dritten Cockpitmitglieds, des Flugingenieurs, nach und nach verschwand.

Die Lage kennen

62

Das Primary Flight Display (PFD)

Woher weiß ein Verkehrspilot, wo oben und unten ist? Natürlich könnte er einfach aus dem Fenster schauen, aber bekanntlich herrscht nicht immer CAVOK-Wetter (CAVOK steht dabei für „Clouds And Visibility Okay", sehr gutes Wetter mit unter anderem einer Sichtweite über 10 km). Was also tut man bei starker Bewölkung? Darüber hinaus soll es ja auch einmal vorkommen, dass Flugzeuge nachts unterwegs sind.

Hier hilft der Besatzung das Primary Flight Display. Dieses Display liefert dem Flugzeugführer die wichtigsten Fluginformationen auf einem Blick. Als Erstes wäre hier der „Attitude Indicator" zu nennen. Dieser „künstliche Horizont" ersetzt bei schlechter Sicht den natürlichen Horizont. Er befindet sich in der Mitte des PFDs und zeigt die Fluglage im Verhältnis zum Horizont an. In diesem künstlichen Horizont befindet sich außerdem noch der sogenannte „Flight Director", mit dessen Hilfe der Steuerer dem im Flight Management System vorprogrammierten Flugpfad folgen kann.

Das Navigation Display (links) und das PFD (rechts) eines Airbus A380-800

Hier ist das PFD einer Cessna Citation gut zu erkennen.

Auf einen Blick: Höhe, Geschwindigkeit, Lage, Kurs

Meistens auf der linken Seite des PFDs befindet sich das „Speedtape“, auf dem die Fluggeschwindigkeit des Luftfahrzeugs in Knoten angezeigt wird. Rechts vom „Attitude Indicator“ befindet sich der „Altitude Indicator“, also der Höhenmesser. Dieser zeigt die Flughöhe in Fuß an, einer Einheit, die – außer in Russland und in China – der internationale Standard zur Höhenmessung in der Luftfahrt ist. Natürlich wird hier nicht nur die Flughöhe angezeigt, sondern auch die sogenannte „Vertical Speed“, also die Geschwindigkeit in Fuß pro Minute, mit der das Luftfahrzeug steigt oder sinkt. Das PFD kann, je nach Bauart, darüber hinaus noch mit etlichen weiteren Informationen bestückt werden.

VOR, DME, INS und Co

63 Wie navigieren Flugzeuge überhaupt?

In den Anfängen der Fliegerei hatte der Pilot eines Flugzeugs nur wenige „Helfer“, die ihm bei der Navigation durch die Lüfte zur Hand gingen: den Fahrtmesser, eine Karte und einen Kompass. Neben diesen drei Dingen musste man sich ausschließlich auf die Bodensicht und Orientierung an markanten Landmarken wie Flüssen und Türmen verlassen. Im Laufe der Zeit ermöglichten technische Errungenschaften eine immer exaktere Navigation. Eine davon ist das Drehfunkfeuer, besser bekannt unter dem englischen Namen VOR (für VHF Omnidirectional Radio Range). Das VOR kann man sich als eine Bodenstation vorstellen, die kreisförmig in alle Richtungen Signale aussendet. Ein entsprechendes Instrument im Cockpit zeigt diese Signale als sogenannte „Radiale“ an. Logischerweise gibt es von diesen Radialen 360 Stück.

Ein Drehfunkfeuer von Nahem

Luftaufnahme eines VORs in Sulz, Baden-Württemberg

Wissen, wo man ist!

Zusammen mit dem DME (Distance Measuring Equipment) kann der Pilot so die Richtung und die Distanz zum gewählten Funkfeuer ablesen. Die VORs senden ihre Signale auf einer bestimmten Frequenz (108,00–117,96 MHz). Diese Frequenz kann man im Cockpit, ein bisschen wie bei einem Radio, eindrehen und somit das Drehfunkfeuer „anpeilen".

Das VOR hat jedoch einen kleinen Nachteil: Drehfunkfeuer sind bodengebunden. Hier kommt eine weitere Errungenschaft ins Spiel, die der Crew eine erdunabhängige Positionsbestimmung ermöglicht: das INS (Inertial Navigation System, auf Deutsch „Trägheitsnavigationssystem"). Vereinfacht ausgedrückt hat das INS den Vorteil, dass es keinen Referenzpunkt braucht, da es die geografische Position des Luftfahrzeugs durch Beschleunigungs- und Drehratensensoren ermittelt.

Diese Systeme sind bis heute ein essenzieller Bestandteil der Flugnavigation. Doch auch diese traditionellen Mittel werden mittlerweile langsam aber sicher durch die modernere – und genauere – Satellitennavigation ergänzt und ersetzt.

Elektronisches Gehirn

Flight Management System (FMS)

64

Neben den zwei menschlichen Gehirnen des Kapitäns und des ersten Offiziers, die moderne Verkehrsflugzeuge sicher durch die Lüfte steuern, gibt es seit den frühen 1980er-Jahren ein weiteres Gehirn an Bord moderner Airliner – jedoch eher eines technischer Art. Dieses Gehirn nennt sich „Flight Management System“ (FMS). Dieses System dient der fliegenden Besatzung als Hilfsmittel unter anderem für die Flugnavigation sowie die Berechnung und Programmierung von Strecken-, Steig- und Sinkprofilen. Zugunsten einer besseren Übersicht für die Crew werden diese Daten – zum Beispiel die Flugstrecke inklusive der Wegpunkte (auch „Waypoints“, dazu mehr in Kapitel 67) und Airways – vom Flight Management System auf den Multifunction-Displays (MFDs) des Cockpits optisch dargestellt.

Das äußerst moderne FMS eines Airbus A380

Ein FMS samt Control Display Unit (CDU)

Das FMS – ein Multifunktionstalent

Das Beste am Flight Management System ist aber, dass es diese Informationen nicht nur anzeigen kann, sondern (bei Flugzeugen moderner Generation) auch mit dem Autopiloten gekoppelt ist. Dieser kann so zum Beispiel nach dem Start das errechnete und programmierte vertikale und laterale Flugprofil automatisch abfliegen! Dabei hilft auch die integrierte automatische Triebwerksschubsteuerung.

Damit das Flugzeug überhaupt weiß, wo es sich befindet, bestimmt es seine Position über das oben erklärte interne Trägheitsnavigationssystem und aktualisiert diese Information während des Fluges fortlaufend entweder über das GPS oder mithilfe von umliegenden VORs und NDBs (Non-Directional Beacon ist ein sogenanntes Kreisfunkfeuer, das von einer Station am Boden ausgeht und der Positionsbestimmung dient).

Das Eingabegerät fürs FMS

Die Control and Display Unit (CDU)

65

Das mit dem Flight Management System hört sich ja alles ganz toll an – doch wie füttern die Piloten das System mit den relevanten Daten? Hier kommt die „Control and Display Unit“ (CDU) ins Spiel. Das kann man sich visuell in etwa wie einen gewöhnlichen kleinen Computer vorstellen, inklusive einer alphanumerischen Tastatur und einem kleinen Display zur Anzeige der Daten.

Viele Infos für das FMS

Vor jedem Flug wird das FMS über diese CDU mit allen relevanten Daten gefüttert. Diese Daten bestehen im Wesentlichen aus dem Leergewicht des Flugzeugs (Zero Fuel Weight), dem Gewicht des getankten Treibstoffs, der Passagiere und der geladenen Fracht. Weitere essenzielle Informationen, die das FMS vor dem Start benötigt, sind die geplante Flugroute und Reiseflughöhe, der Ab- und Zielflughafen sowie die geplante Reisegeschwindigkeit. Diese Daten können auch während des Fluges immer wieder angepasst werden, um zum Beispiel einen neuen Anflug zu wählen,

Die Control Display Unit eines Airbus A330-200

Ein Prototyp der neuen Bombardier CS100, die über die neueste Avionik verfügt

Warteschleifen zu fliegen oder die Route zu ändern. In fast allen Verkehrsmaschinen befindet sich die CDU zwischen den Pilotensitzen. Flugzeuge der neuesten Generation verfügen sogar über ein ganz neuartiges Eingabesystem inklusive Touchdisplays!

Ausgefeilte Technik: Cockpit einer Boeing 787 mit CDU

Der Autopilot

Automatische Flugsteuerung

66

„Pilot sein? Ist doch langweilig und einfach heutzutage, der Autopilot fliegt das Flugzeug doch sowieso von ganz alleine!" – so oder so ähnlich würden es wahrhaftig manche Leute formulieren. Doch das stimmt tatsächlich nicht ganz.

Der Autopilot ist, grob gesagt, einer von vielen kleinen Bausteinen in der Bedienung eines Flugzeuges. Was er kann, ist zum Beispiel die dreidimensionale Flugroute einzuhalten, die im FMS vorgegeben wurde, beziehungsweise den Anstellwinkel des Flugzeuges beim Geradeausfliegen immer so anzupassen, dass es die ausgewählte Flughöhe beibehält. Bei diesen Dingen hilft auch das sogenannte „Auto Thrust System" (oder auch „Auto Throttle System", ATS), das den Triebwerksschub je nach Fluglage automatisch anpasst.

Das ATS erleichtert die Arbeit im Reiseflug ungemein.

In der Bildmitte ist das Controlpanel des Autopiloten eines Airbus A320 zu sehen.

Nichts geht ohne die Vorgabe der Piloten

Der Autopilot reagiert natürlich nicht eigenmächtig. Er braucht klare Vorgaben über den zu fliegenden Flugweg und die Geschwindigkeit, die er einhalten soll. Dafür gibt es zweierlei Möglichkeiten: Er bezieht seine Informationen entweder, wie erwähnt, aus dem FMS und hält die darin definierten Fluggeschwindigkeiten, Höhen und Richtungen ein, oder der Pilot greift manuell ein und wählt über ein spezielles Panel einen eigenen Steuerkurs (Heading, siehe folgendes Kapitel), eine neue Flughöhe und eine eigene Steig- und Sinkrate oder Geschwindigkeit. Das ist beispielsweise nötig, wenn der Fluglotse sich meldet und einen neuen Kurs vorgibt, der von der einprogrammierten Route abweicht.

Während langer und monotoner Flugphasen erleichtert der Autopilot die Arbeit der Piloten natürlich auch erheblich. Auf der anderen Seite sind diese aber an anderer Stelle gefordert, denn sie müssen die Systeme sowie den Flugweg ständig im Auge behalten und überwachen. Außerdem sind dem Autopiloten Limits gesetzt – so kann er zwar automatisch landen, dies aber nur bis zu einer bestimmten Windgeschwindigkeit (das ist immer im Betriebshandbuch vorgegeben).

Das Navigation Display

Wissen, wo man fliegt

67

Die Daten, die das Flight Management System liefert, sind ja äußerst nützlich. Doch sie müssen irgendwie visualisiert werden, sonst sind sie für die Piloten recht nutzlos. Hier kommt das Navigation Display (ND) ins Spiel. Das Navigation Display ist wie das PFD ein elementarer Bestandteil des EFIS. Wie der Name schon sagt, stellt es die im FMS programmierte Flugroute dar. Bei Boeing geschieht das zum Beispiel mit einer Linie in Magenta, die die Wegpunkte (oder auch „Waypoints", WP) miteinander verbindet; bei Airbus ist diese Linie grün. Ein kleines Flugzeugsymbol zeigt dabei an, wo man sich auf dieser Strecke gerade befindet.

Kurs, Waypoints und mehr

Angezeigt werden außerdem noch die Entfernung zum nächsten Wegpunkt in nautischen Meilen sowie die errechnete Ankunftszeit an diesem. Damit man auch weiß, in welche Richtung man fliegt, zeigt das ND zusätzlich das sogenannte „Heading" an, also den Kompasskurs. Doch

Das linke Display ist das ND eines Airbus A380, samt angeworfenem Wetterradar.

Ein ND eines Airbus, der sich über dem Atlantik befindet

das ist noch nicht alles. Das ND kann, wenn man es entsprechend einstellt, umgebende Flugplätze, Funkfeuer, NDBs und Waypoints sowie diverse Informationen aus dem FMS anzeigen. Außerdem werden die Daten des Wetterradars auf das ND projiziert, damit die Crew auf etwaige gefährliche Wetterfronten reagieren bzw. diese bei Bedarf auch umfliegen kann. Viele NDs stellen außerdem die Daten des Kollisionswarnsystems TCAS, also des umgebenden Flugverkehrs, dar. Mehr zum TCAS in Kapitel 69.

Wie beim PFD ist die Ausstattung des ND von Flugzeugtyp zu Flugzeugtyp unterschiedlich. So können weitere Informationen, die es darstellen kann, zum Beispiel die Geschwindigkeit über Grund, die Windgeschwindigkeit, die Außentemperatur oder auch die Treibstoffmenge sein.

Fliegen nach Sicht

Solch eine prächtige Ausstattung haben kleinere Sportflugzeuge freilich nicht. Privatpiloten fliegen nach sogenannten Sichtflugregeln, den „Visual Flight Rules“ (VFR, das Pendant dazu nach Instrumenten nennt man „Instrument Flight Rules“, IFR). Der Sichtflug wird, ganz allgemein gesagt, nur in geringeren Höhen bei gutem Flugwetter vor allem in der General Aviation (allgemeine Luftfahrt) praktiziert. Der Pilot orientiert sich und seine Lage im VFR-Flug zum Beispiel anhand bestimmter Landmarken und mit dem Blick zum Horizont.

Das ACARS

68

„Aircraft Adressing and Reporting System"

Natürlich könnten die Piloten die Daten, wie zum Beispiel Höhenwinde entlang der Flugstrecke, mühselig von Hand in die CDU einhacken. Aber nicht erst seit dem Aufstieg der bekannten Low Cost Carrier wissen wir, dass Zeit in der Luftfahrt Geld ist. Wie gut, dass es das ACARS gibt!

ACARS – das steht für „Aircraft Adressing and Reporting System". Dieses System dient dazu, digitale Daten über den Flugfunk zu übertragen, um so die Kommunikation zwischen der Fluggesellschaft und den verschiedenen Flugzeugen ihrer Flotte während des Fluges zu ermöglichen. Bei diesen Daten handelt es sich meistens um vom Flugzeug automatisch versandte Informationen an die Airline, wenn die folgenden Ereignisse eintreten:

- das Flugzeug verlässt seine Parkposition
- nach dem Abheben des Flugzeuges
- bei der Landung der Maschine
- beim Erreichen der Parkposition in der Destination nach dem Ausschalten der Triebwerke

Eine Boeing 737-800 der Ryanair auf der Parkposition am Flughafen Berlin Schönefeld

So kann eine ACARS-Nachricht aussehen.

Informationsübermittlung leicht gemacht

Diese Informationen nutzt das Operation Center einer Fluggesellschaft, um einen Überblick über die Performance und Pünktlichkeit ihrer Flotte zu behalten. Natürlich werden über das ACARS nicht nur diese automatischen Meldungen zwischen dem Flugzeug und dem Operation Center der Airline übermittelt. In der Mittelkonsole des Cockpits befindet sich eine kleine Control Unit mit einer Tastatur, einem Bildschirm und einem Drucker. Über diese Unit können verschiedenste Informationen aus dem Cockpit übermittelt oder auch empfangen werden, zum Beispiel Wetterberichte, erwartete Verspätungen – oder aber auch Fußballergebnisse der Lieblingsmannschaft des Kapitäns.

Über das ACARS können jedoch genauso Daten wie Höhenwinde entlang der Strecke an das Cockpit übermittelt werden. Diese Daten können dann via „Uplink" ganz unkompliziert in das FMS eingepflegt werden. Auch in der Flugunfall-Untersuchung kann das ACARS eine enorm wichtige Rolle einnehmen und erste Hinweise im Hinblick auf die mögliche Absturzursache eines Flugzeuges liefern. Das war zum Beispiel auch beim Absturz des Fluges Air France 447 der Fall, als ein Airbus A330 auf dem Weg von Rio de Janeiro nach Paris über dem gewittrigen Südatlantik abstürzte. Nicht zuletzt seit diesem Vorfall wird darüber diskutiert, ob es sinnvoll wäre, das ACARS zu einer Online-Blackbox auszubauen. Bis dahin wird aber noch einige Zeit vergehen.

„Traffic! Traffic!“

Das TCAS

69

Wie schaffen es Flugzeuge eigentlich, beim Navigieren über diverse Luftstraßen, Waypoints und anderen Navaids („Navigational Aids“, Navigationshilfen), nicht miteinander zu kollidieren? Hier kommt – natürlich neben der absolut unverzichtbaren Flugsicherung, die immer versucht, einen entsprechenden vertikalen und horizontalen Abstand zwischen den Flugzeugen zu gewährleisten – das sogenannte „Traffic Alert and Collision Avoidance System“ (TCAS) ins Spiel.

In den Vereinigten Staaten von Amerika ist dieses TCAS seit Ende 1993 bei allen Luftfahrzeugen mit mehr als 30 Sitzen Pflicht. Wenig später schrieb auch die Europäische Union die Ausrüstung vor. Das TCAS bereitet Informationen über den umgebenden Flugverkehr auf und stellt diese für die Piloten visuell dar, entweder über ein eigenes Display oder, häufiger, integriert in das Navigation Display. Dazu nutzt das System die Signale der Transponder der umgebenden Luftfahrzeuge, die Informationen wie die Flughöhe und Flugzeugkennung aussenden.

Das TCAS einer Boeing 737-800, die über der Schweiz fliegt

Zwei sich kreuzende Flugzeuge und ihre Kondensstreifen

Die Warnstufen des TCAS

Wenn das System erkennt, dass sich ein anderes Flugzeug innerhalb seines „Schutzschilds“ von 25 km befindet, gibt es Warnsignale aus, die vier Warnstufen entsprechen:

Stufe 1: Eine simple Verkehrsinformation. Der Verkehr wird mit einem kleinen Symbol auf dem Display dargestellt

Stufe 2: Es wird visuell auf eine mögliche Gefahr hingewiesen, das Symbol färbt sich gelb!

Stufe 3: Eine akustische Warnung ertönt („Traffic! Traffic!“)

Stufe 4: Die kritischste Stufe. Das System fordert den Pilot Flying mit einem Ausruf auf, ein – immer vertikales – Ausweichmanöver einzuleiten („Climb! Climb now!“). Das TCAS des anderen Flugzeugs gibt eine entsprechende Warnung in die Gegenrichtung aus („Descend! Descend Now!“)

Das TCAS hat die Verkehrsfliegerei ein gutes Stück sicherer gemacht und seit seiner Einführung zahlreiche gefährliche Situationen zwischen Flugzeugen vermieden. Mittlerweile werden neue TCAS-Systeme entwickelt, die auch laterale Ausweichempfehlungen ausgeben können.

70 Der Jumpseat

Der Beobachterplatz im Cockpit

Hinter den Pilotensitzen gibt es im Cockpit noch einen oder mehrere kleine Sitze. Dieser Sitz nennt sich „Jumpseat"! Anders, als der Name zunächst vielleicht vermuten lässt, handelt es sich hierbei nicht um eine Schleudersitz-Vorrichtung, um besonders unliebsame Gäste loszuwerden: dieser Sitz bietet ganz einfach die Möglichkeit, als Beobachter im Cockpit mitzufliegen. In erster Linie ist der Jumpseat für Crew-Mitglieder einer Airline gedacht, die mit dem Flugzeug zum Dienst pendeln („proceeden"). So blockieren diese nämlich keinen der wertvollen Sitze in der Kabine, die viel lieber an Vollzahler verkauft werden sollen.

Ein Platz, der den meisten verwehrt bleibt

Ein Flug im Cockpit – das ist wahrhaftig ein aufregendes Erlebnis! Kann man aber auch als normaler Passagier auf diesem Jumpseat Platz nehmen? Das ist seit den schrecklichen Ereignissen vom 11. September 2001 leider nahezu unmöglich, wenn man nicht gerade den Kapitän persönlich kennt und/oder für eine Airline arbeitet. Auf Flügen in die Vereinigten Staaten von Amerika ist es crewfremden Menschen gar vollständig untersagt, das Cockpit während des Fluges zu betreten.

Vom Jumpseat aus kann man diesen Blick ins Cockpit genießen.

Auch in der Kabine gibt es Jumpseats für die Flugbegleiter/innen.

Flugschreiber

71

Die „Blackbox"

Obwohl die Fliegerei das mit Abstand sicherste Mittel ist, um seine vier Buchstaben von A nach B zu bewegen, gehen leider von Zeit zu Zeit Flüge nicht ganz so glimpflich aus. Flugzeuge kommen von der Landebahn ab, brennen aus oder stürzen sogar ab. Diese Ereignisse sind natürlich absolut tragisch, aber immer das Resultat einer Kette von vorausgegangenen Ereignissen. Wenn man herausfinden kann, welche Ereignisse letztendlich zur Katastrophe geführt haben, ist das ein unglaublich wichtiger Beitrag zur Verbesserung der Flugsicherheit, da man anhand der Ergebnisse entsprechende Maßnahmen vornehmen kann.

Doch leider gibt es bei einem Absturz nicht immer Augenzeugen, die detailliert zusammenfassen können, was sie gesehen haben. Wie soll man also den Grund des Unfalls herausfinden? Genau das dachte sich der Australier David Warren nach einer Absturzserie der De Havilland Comet in den 1950er-Jahren. Er erfand ein „Device for Assisting Investigation into Aircraft Accidents", was übersetzt so viel heißt wie ein „Gerät zur Unterstützung von Flugunfalluntersuchungen".

Ein Flugdatenschreiber in auffälligem Orange

Diese Beschriftung markiert die Position der „Blackboxes".

Erleichterung der Unfallursachenermittlung

Dieses Gerät tat nichts weiter, als die Gespräche im Cockpit und die Daten der wichtigsten Instrumente aufzuzeichnen. Das sollte die Untersuchungen nach Flugunfällen erheblich erleichtern, da Ermittler so nun besser nachvollziehen konnten, was sich vor dem Absturz an Bord abspielte. Erst zeigten die Fluggesellschaften eher mäßiges Interesse an dieser Erfindung – war sie doch mit recht hohen Investitionen verbunden. Ein weiterer Absturz in Australien, der nicht geklärt werden konnte, führte allerdings zu einem Gerichtsbeschluss, der die Ausrüstung aller Flugzeuge in Australien mit dem neuen Gerät vorschrieb. Die Hawker Siddeley Trident war zu ihrer Einführung 1964 das erste Flugzeug, das bereits ab Werk serienmäßig mit dem Flugschreiber ausgerüstet wurde.

Ein kaputter Flugschreiber ist natürlich nutzlos. Moderne Geräte sind äußerst robust, um den hohen Kräften bei Abstürzen standzuhalten. So sind die etwa schuhkartongroßen „Blackboxes" bis zu einer Tiefe von 6.000 Meter wasserdicht, können eine bestimmte Zeit lang unter Wasser geortet werden und halten ein 1.000 Grad Celsius heißes Feuer bis zu 30 Minuten lang aus. Angebracht sind die Flugschreiber meistens in der Mitte oder im Heck der Maschine; statistisch gesehen werden die Wracks der Maschine beim Aufprall dort nämlich am wenigsten zerstört.

Was ist drin?

Der Flugdatenschreiber

72

Die Blackbox setzt sich eigentlich aus zwei Geräten zusammen: dem Flugdatenschreiber („Flight Data Recorder", FDR) und dem Cockpit-Voice-Recorder (Stimmenrekorder, CVR). Der Flugdatenschreiber zeichnet über 100 Flugparameter auf, darunter zum Beispiel die Fluggeschwindigkeit, die Flughöhe, die Stellungen der Ruder, Klappen, Flaps etc., die Daten der Triebwerke und des FMS. Der FDR liefert also eigentlich alle Informationen über den Flug- und technischen Zustand des Flugzeuges während des Fluges. Das gibt insbesondere über Unfälle Aufschluss, bei denen technisches Versagen die Hauptursache war.

Der Cockpit-Voice-Recorder

Der Cockpit-Voice-Recorder (CVR) zeichnet alle Geräusche und Gespräche im Cockpit sowie alle anderen Geräusche an Bord auf, darunter den Funkverkehr und Ansagen über die Kabinen-Lautsprecher. Das geschieht fortlaufend – gespeichert werden immer die letzten 30–120 Minuten eines Fluges. Die CVRs sind besonders wertvoll bei Flugunfällen, bei denen menschliches Versagen ausschlaggebend war. Darüber hinaus lassen sie Schlussfolgerungen dahingehend zu, ob alle Alarmsignale im Cockpit korrekt funktioniert haben. Mittels einer Analyse des Frequenzspektrums ist es sogar möglich, Schlüsse über den Zustand der Triebwerke zu ziehen!

Der CVR und der FDR einer Boeing 777

Die APU

„Ist das da hinten ein Hilfstriebwerk?!"

Vielen Flugzeugbeobachtern wird am Heck des Flugzeugs, direkt unter dem Leitwerk, schon einmal ein kleines Loch aufgefallen sein, aus dem am Boden heißes Gas strömt. Manche nehmen an, dass es sich bei dieser kleinen Turbine um ein Triebwerk handelt, das zusätzlichen Schub liefert. Doch das ist natürlich falsch. Bei dieser kleinen Öffnung handelt es sich um die „Auxiliary Power Unit", kurz APU genannt. Die APU hat einen ganz bestimmten Zweck: Sie fungiert am Boden als sogenanntes Hilfstriebwerk, das wie ein kleiner Generator Strom und Druckluft liefert. So können die Bordsysteme und andere Systeme, wie zum Beispiel die Klimaanlage, auch am Boden betrieben werden, ohne dass die Triebwerke laufen müssen und unabhängig von einer externen Stromversorgung: Die Flugzeugbatterie alleine würde hierfür nämlich nicht genügend Strom liefern.

Strom für das Flugzeug am Boden

Die APU wird meistens als Erstes vor allen anderen Systemen angeworfen. Die wichtigste Aufgabe der APU ist aber eine andere. Moderne Düsentriebwerke haben einen mit Luft betriebenen Starter und benötigen deswegen Druckluft, um angeschmissen zu werden. Diese Druck- oder Zapfluft (Bleed Air) liefert die APU. Laufen die Triebwerke erst einmal, dienen diese dann als Generator und liefern Strom für die Elektronik an Bord sowie die Luft zum Betrieb der Klimaanlage. Manchmal fallen diese Triebwerke aus. Auch hier kommt die APU wieder ins Spiel. Sie kann nämlich auch in der Luft in Betrieb genommen werden, um den nötigen Notstrom sowie die benötigte Zapfluft im Falle eines solchen Ausfalls zu liefern.

Hilfstriebwerksaus- und -einlass („Exhaust") einer APU

Suck, Push, Bang, Blow!

74 Wie funktioniert denn so ein Triebwerk?

Schubhebel nach vorn – jetzt wird gestartet! Heutige Strahltriebwerke wie das GE90, das die Boeing 777 antreibt, erreichen enorme Leistungen. Bereits eines von ihnen würde ausreichen, um einen Airbus A320 senkrecht in die Luft zu heben. Doch wie funktioniert ein solcher Antrieb eigentlich? Das Grundprinzip ist recht einfach erklärt. Das Triebwerk saugt die Luft an. Das geschieht vorne mit dem sogenannten „Fan", was hier allerdings nicht Anhänger eines Fußballclubs, sondern so viel wie „Fächer" bedeutet. Diese angesogene Luft wird komprimiert und im Triebwerk mit Treibstoff vermengt. Dieses Gemisch wird angezündet, verbrannt und Tritt am hinteren Ende als Abgasstrahl aus. Dieser Vorgang wird auf Englisch gerne mit „Suck, Push (oder auch Squeeze), Bang, Blow" abgekürzt. Die Luft wird im sogenannten Kompressor verdichtet. Dieser Kompressor besteht aus mehreren Stufen (heutzutage bis zu 14), die sich jeweils aus einem Rotor und einem Kranz aus Schaufeln zusammensetzen.

Rückansicht eines Boeing-747-8-Triebwerks. Die „Zacken" reduzieren Lärm.

Die Schaufeln (Fans) des General Electric GEnx Triebwerks der 747-8

Mehr Nebenstrom, weniger Lärm

Jede Kompressorstufe erhöht den Druck ein wenig – Triebwerke der heutigen Generation schaffen eine Erhöhung des Eingangsdrucks der Luft um den Faktor 45! Die Energie, die in diesen inneren Kammern erzeugt wird, dient allerdings vor allem dazu, den Fan vorne wieder anzutreiben. Dieser sorgt für einen großen Teil des Antriebs. Ein Teil der Luft (1/7 oder mehr) wird in modernen Mantelstromtriebwerken außen um die Brennkammern herumgeleitet; dadurch wird der Lärm erheblich reduziert und das Triebwerk gekühlt. Dieses hohe Nebenstromverhältnis ist übrigens auch der Grund, warum moderne Triebwerke wie das von der Boeing 777 oder der A320neo im Verhältnis zur Flugzeuggröße so einen hohen Durchmesser haben.

Die ersten Strahltriebwerke erblickten schon um 1930 das Licht der Welt. Diese waren allerdings noch sehr ineffizient, energie- und sprithungrig. 1939 wurde mit der Heinkel He 178 das erste Düsenflugzeug der Welt erfolgreich getestet. Heute ist dieser Antrieb Standard bei Verkehrsflugzeugen.

Pitch and Roll

75 Wie funktionieren die Ruder?

Auf ein Flugzeug wirken verschiedene Kräfte. Die wichtigsten werden nun etwas vereinfacht erklärt. Als Erstes wäre hier die Erdanziehungskraft zu nennen. Diese wirkt sehr konstant und zieht das Luftfahrzeug in Richtung Mutter Erde. Die nächste Kraft ist der Auftrieb, der durch die Tragflächen erzeugt wird. Diese Kraft zieht das Flugzeug nach oben. Dann gibt es noch den Vortrieb, der von Propellern oder Strahltriebwerken erzeugt wird und das Flugzeug nach vorne zieht. Entgegen dem Schub wirkt dann noch der Widerstand, der durch die Luft erzeugt wird. Es gibt bei einem Flugzeug verschiedene Ruder, die sich diese Kräfte zunutze machen. Das sind die Querruder (Ailerons), das Seitenruder (Rudder) und das Höhenruder (Elevator).

Roll

Fangen wir mit den Querrudern an. Diese befinden sich außen an den Tragflächen. Drückt der Pilot das Steuerhorn zum Beispiel nach links, so fährt das linke Querruder nach oben und vermindert so den Auftrieb der linken Tragfläche. Diese senkt sich dann also. Zur gleichen Zeit

Höhen- und Seitenruder eines Lufthansa Airbus A340-600

Querruder bei der Arbeit als Spoiler

wird das rechte Querruder gesenkt und damit der Auftrieb an der rechten Tragfläche erhöht. Diese hebt sich. Dadurch gerät das Flugzeug in eine Rollbewegung und es fliegt eine Kurve (englisch „Roll").

Pitch

Als Nächstes die Höhenruder. Zieht der Pilot sein Steuerhorn (oder seinen Sidestick) zu sich, also nach hinten, bewegen sich die Elevators nach oben und die Nase hebt sich. Der Anstellwinkel wird erhöht und das Flugzeug steigt. Drückt der Pilot sein Steuerhorn nach vorne, so bewegt sich das Höhenruder nach unten. Die Nase und der Anstellwinkel werden gesenkt, das Flugzeug sinkt. Diese Bewegung um die Längsachse wird auf Englisch „Pitch" genannt.

Yaw

Zu guter Letzt das Ruder, das für die sogenannte „Gier" (englisch „Yaw")-Bewegung zuständig ist, das Seitenruder. Es wird durch zwei Pedale bedient. Diese Pedale erinnern etwas an die Gaspedale in Autos, sie sind nur etwas größer dimensioniert. Wenn der Pilot das linke Pedal tritt, bewegt sich auch das Seitenruder nach links und die Flugzeugnase giert anhand der Hochachse nach links, der hintere Rumpf nach rechts. Dasselbe funktioniert natürlich auch in die andere Richtung. Die Schräglage des Flugzeuges ändert sich bei dieser Bewegung nicht. Das Seitenruder wird verwendet, um den Kurvenflug zu unterstützen und sauberer zu gestalten. Bei Landungen bei starkem Seitenwind tritt der Pilot kurz vor dem Aufsetzen einmal stark in die Pedale, um das Flugzeug nach seinem etwas schrägen Anflug an der Landebahn auszurichten.

V1

76 Die Entscheidungsgeschwindigkeit

Flugzeuge benutzen Start- und Landebahnen zum Abheben. Unglücklicherweise haben diese Start- und Landebahnen natürlich eine begrenzte Länge. Manchmal müssen Starts aus den verschiedensten Gründen abgebrochen werden, zum Beispiel wenn ein Triebwerk ausfällt, ein Reifen platzt, die Avionik ausfällt oder wenn der Kapitän entscheidet, dass er mehr Kaffee braucht. Wenn so ein Notfall auftritt, wird das Flugzeug sicher auf der Landebahn zum Stehen gebracht, und zwar mithilfe der Bremsen, der Störklappen (das sind die Dinger, die normalerweise bei der Landung oben aus den Tragflächen herausfahren, um den Auftrieb zu minimieren und das Flugzeug zu verlangsamen) und gegebenenfalls auch mithilfe der Schubumkehr – aber nur, bevor V1 erreicht ist!

Ein Flugzeug auf der Startbahn unmittelbar vor dem Take-Off

Hier „rotiert" eine Boeing 777 der Air New Zealand

Point of no Return

V1 ist die maximale Geschwindigkeit, bis zu der ein Startabbruch eingeleitet werden darf. Nach Erreichen dieser Geschwindigkeit, die auch Entscheidungsgeschwindigkeit genannt wird, geht es – fast möchte man sagen, auf Gedeih und Verderb – in die Luft. Die Ausnahmen wären das Auftreten eines großen Systemfehlers oder wenn das Flugzeug nach dem Start unkontrollierbar wäre (beispielsweise falls eine Tragfläche abfällt oder ein starkes Feuer ausbricht).

Der Grund dafür ist, dass ein Flugzeug nach Erreichen von V1 nicht mehr sicher und vollständig auf der Runway zum Stehen gebracht werden kann, ohne die Schubumkehr zu verwenden.

Richtig gehört – es ist tatsächlich sicherer, mit nur einem funktionierenden Triebwerk abzuheben, als zu versuchen, den Start nach V1 abzubrechen! Für moderne Blechbüchsen ist es ein Leichtes, auch mit nur einem Triebwerk zu fliegen und damit sicher wieder zu landen. Ein Flugzeug ist schließlich zum Fliegen gebaut und nicht zum schnellen Herumrollen und abrupten Abbremsen auf einem schmalen Streifen Beton. Ein Herabbremsen bei Geschwindigkeiten jenseits von V1 beansprucht die Bremsen und Reifen enorm, sie könnten sogar Feuer fangen.

VR und V2

Ab in die Luft!

77

Der Start ist im vollen Gange, die Entscheidungsgeschwindigkeit ist überschritten, jetzt wird rotiert! Doch was bedeutet Rotieren in der Luftfahrt eigentlich? Rotieren beschreibt ganz einfach den Vorgang, bei dem der Pilot Flying bei Erreichen der VR, also der Rotations-Geschwindigkeit, die vorher anhand diverser Faktoren (wie zum Beispiel das Gewicht des Luftfahrzeugs) bestimmt wurde, langsam am Steuerhorn oder Sidestick zieht, um das Flugzeug um seine Querachse rotieren zu lassen. Der Rotationspunkt ist genau in jenem Moment erreicht, in dem das Bugfahrwerk den Boden verlässt. Das ganze sollte natürlich schön langsam und nicht zu hastig geschehen, um einen „Tailstrike" (dazu später mehr) zu vermeiden. Eine grobe Faustregel hierbei ist, die Nase mit etwa drei Grad pro Sekunde anzuheben – das unterscheidet sich aber von Flugzeug zu Flugzeug.

Ein Steuerhorn, mit dem sich das Höhen- und die Querruder bedienen lassen

V2: Ein Airbus A330-200 kurz nach dem Abheben in Düsseldorf

Die sichere Abhebegeschwindigkeit

Die Geschwindigkeit V2 (die sichere Abhebegeschwindigkeit) ist die minimale Geschwindigkeit, die benötigt wird, um auch mit einem Triebwerksausfall sicher steigen zu können. Bis die „Acceleration Altitude" (die Höhe, ab der das Flugzeug weiter beschleunigt wird) erreicht ist, steigt man meistens mit V2+10 Knoten.

Doch wann wird das Fahrwerk eingefahren? Ganz einfach: sobald das PFD anzeigt, dass eine sogenannte „positive Steigrate" vorliegt, also das Flugzeug auch tatsächlich steigt. Der Ausruf des Pilot Flying dazu lautet dann „Positive rate, gear up!", woraufhin der Pilot Monitoring das Fahrwerk einfahren lässt.

Die „Acceleration Altitude"

Nach dem sicheren Abheben und Erreichen einer Höhe zwischen 1.000 und 1.500 Fuß über dem Boden (je nach Airline unterschiedlich) wird der Schub reduziert und der sogenannte „Climb Thrust" eingestellt, der etwas geringer ist als der Startschub. Das schont die Triebwerke, die ziemlich stark leiden würden, wenn man sie permanent auf „Takeoff Thrust" laufen ließe. Gleichzeitig wird die Nase des Flugzeuges etwas gesenkt, um von V2 + 10 Knoten (bei den meisten Airlinern mittlerer Größe sind das ungefähr 145–160 Knoten) auf 250 Knoten zu beschleunigen.

Mit dem Beschleunigen werden dann schrittweise auch die Flaps eingefahren. Die Geschwindigkeiten dafür werden vorher errechnet und erscheinen neben der Geschwindigkeitsanzeige im Primary Flight Display. Wenn dann letztendlich alles eingefahren worden ist, nennt man das Flugzeug „clean".

Der Anstellwinkel

Angle of Attack

78

Angle of Attack (AoA) – das hört sich vielleicht erst einmal bedrohlich an, ist aber tatsächlich ganz harmlos. Der Anstellwinkel eines Flugzeugs ist ganz einfach der Winkel zwischen der sogenannten Profilsehne der Tragfläche (eine gedachte Linie von der Vorder- zur Hinterkante) und der anströmenden Luft.

Ganz vereinfacht lässt sich sagen: Je höher dieser Anstellwinkel ist, desto höher wird auch der Auftrieb des Luftfahrzeugs. Was sich dabei aber auch noch erhöht, ist der Widerstand. Ein zu hoher Anstellwinkel, und man nähert sich dem Stall-Punkt, also dem Punkt, an dem die Strömung abreißt (Stall bedeutet Strömungsabriss auf Englisch, das wird im folgenden Kapitel genauer erklärt). Das ist für den Auftrieb nicht mehr ganz so förderlich.

Ein „Angle of Attack"-Sensor an der Seite eines Flugzeugs

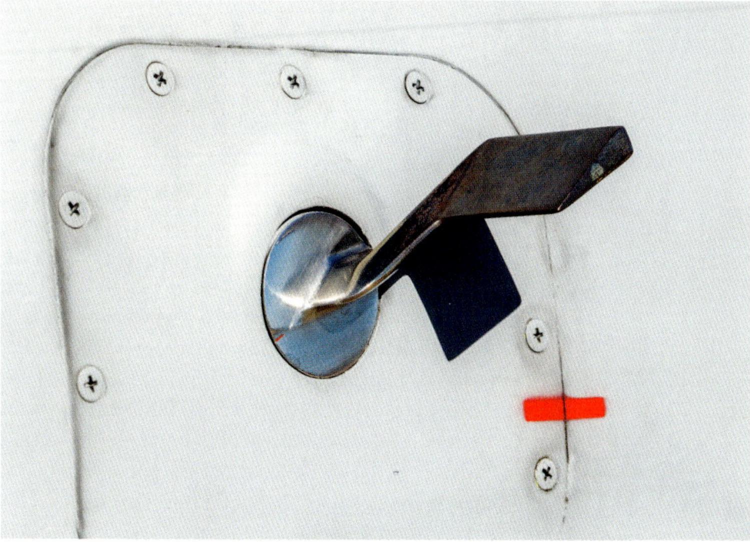

Eine andere Variante eines AoA-Sensors

Ein spürbarer Effekt

Diesen Effekt kann man auch am eigenen Leib ein wenig testen, indem man zum Beispiel bei einer schnellen Autobahnfahrt die Hand zuerst horizontal ein klitzekleines Stück weit (natürlich ganz vorsichtig!) aus dem Fenster hält und dann etwas kippt. Man spürt eine Kraft nach oben! Umgekehrt gilt natürlich genauso: Je niedriger der Anstellwinkel, desto geringer auch der Auftrieb und der Widerstand.

Wie entsteht eigentlich Auftrieb

Dass sich tonnenschwere Flugzeuge scheinbar mühelos vom Boden lösen und durch die Luft gleiten, fasziniert viele Menschen. Doch wie geht das eigentlich? Tragflächen haben ein spezielles Profil, das unten geradlinig und oben gewölbt verläuft. Das zwingt die Luft, auf der Oberseite schneller zu fließen als auf der Unterseite. So entsteht unten ein Druck, der das Flugzeug nach oben „drückt", und oben ein Sog, der das Flugzeug in die Luft „zieht" – der Auftrieb! Dieser Effekt kann durch die künstliche Vergrößerung und Wölbung des Profils durch Landeklappen (dazu später mehr) und durch einen höheren AoA verstärkt werden.

Stall

79 Der Strömungsabriss

Wie gesagt, es gibt auch zu viel des Guten: Ein zu hoher Anstellwinkel gepaart mit einer zu niedrigen Fluggeschwindigkeit, und ein sogenannter Strömungsabriss tritt auf (englisch Stall). So ein Strömungsabriss ist eine nicht ganz so ideale Situation für ein Flugzeug. Der Luftstrom kann hier nämlich nicht mehr dem gewölbten Profil der Tragfläche folgen und löst sich ab. Die Konsequenz ist ein Verlust des Auftriebs. Die meisten zivilen Flugzeuge sind so konstruiert, dass sie eine sogenannte positive statische Stabilität besitzen. Das heißt, dass sich die Nase aufgrund des Schwerpunkts des Flugzeuges bei einem Stall nach unten senkt, damit das Flugzeug wieder an Fahrt gewinnen kann und der Auftrieb wiedergewonnen werden kann. Das ist allerdings mit einem Höhenverlust verbunden, weshalb ein Strömungsabriss in Bodennähe sehr unangenehm werden kann.

Indikatoren eines Stalls

In Sportflugzeugen kündigt sich so ein Strömungsabriss meistens recht deutlich an, indem die Zelle sehr stark vibriert, genauso wie der Steuerknüppel. Außerdem ertönt noch ein schriller Warnton, der dazu animieren muss, das Ziehen am Knüppel schleunigst zu unterlassen. In Verkehrsflugzeugen wird dieses Verhalten mit dem sogenannten „Stickshaker" simuliert; nähert man sich einem Stall, so lassen die Systeme die Steuersäule vibrieren und ein Warnton ertönt. Airbus und andere „Fly-by-Wire"-Flugzeuge haben gar eine Art Strömungsabriss-Schutz (zumindest im sogenannten „Normal Law", dem normalen Betriebszustand). Erkennen die Steuerungscomputer, dass sich das Flugzeug einem Stall nähert, wird automatisch die Nase gesenkt und Vollgas gegeben – da kann der Pilot am Stick ziehen, so viel er möchte!

Air-France-Flug 447

Ein Stall trat auch 2009 beim Absturz des Air-France-Airbus A330-203 über dem Atlantik auf. Wegen der Eiskristalle in den Geschwindigkeitssensoren lieferten diese für kurze Zeit keine verlässlichen Informationen mehr, die Piloten schätzten die Lage falsch ein und es kam zu einem Stall.

Ein spanisches Flugzeug der Patrulla Aguila performt einen „aerodynamischen Stall“.

Eine F22 Raptor zeigt, was sie kann!

Tailstrike

80

Wenn das Heck die Runway küsst

Manchmal meint der Pilot Flying es etwas zu gut mit dem Rotieren und zieht etwas zu schnell und heftig am Knüppel. In glimpflichen Fällen ist dabei die einzige Nebenwirkung, dass den Passagieren im Rumpf etwas schlecht wird. Mit etwas Pech ist der Anstellwinkel aber vor dem Abheben zu groß und das Heck der Maschine knallt auf die Runway. Das nennt sich dann Tailstrike. Ein Tailstrike kann natürlich auch bei der Landung auftreten, wenn der Flugzeugführer beim Flaren kurz vor dem Touchdown zu stark am Steuerhorn zieht (Flaren bedeutet, wenn man bei der Landung knapp über dem Boden schwebt, bis man durch den Strömungsabriss auf der Piste landet, auch „Ausschweben" genannt).

Diese Dash 8 hat zur Vermeidung eines Tailstrikes ein stark abgeschrägtes Heck.

Ein kleines Rad am Heck einer Aermacchi MB-326, das Schäden minimieren soll

Prävention eines Tailstrikes

Grundsätzlich kann man sagen, dass die Gefahr eines Tailstrikes höher wird, je länger der Rumpf des Flugzeugs und je niedriger das Fahrwerk der Maschine ist. Jedes Flugzeug hat einen eigenen, vom Hersteller ermittelten und vorgegebenen, maximal erlaubten Anstellwinkel, den der Pilot Flying auch tunlichst einhalten sollte. Um einen Tailstrike zu vermeiden, gibt es außerdem noch einige andere Methoden: zum Beispiel das Anbringen eines „Hecksporns", wie er beispielsweise an der besonders langen Boeing 777-300 zu finden ist, oder elektronische Hilfsmittel wie bei der Boeing 777-200, die beim Take-Off konstant ermitteln, wie weit das Heck von der Start- und Landebahn entfernt ist und bei kritischen Ruderausschlägen eventuell „abregeln", um die Steuerbewegung abzuschwächen.

Ein gefährliches – und teures – Vergnügen

Natürlich kratzt ein Tailstrike nicht nur am Ego des Piloten, sondern mitunter auch sehr empfindlich an der Rumpfstruktur des Flugzeugs. Eine sorgsame Reparatur der entstandenen Schäden ist deswegen nicht nur ratsam, sondern lebensnotwendig! Unsachgemäße Reparaturen haben schon zweimal dazu geführt, dass die Flugzeugzelle im Reiseflug dem Kabinendruck nicht mehr standhielt und ein explosionsartiger Druckabfall folgte. Genau das geschah beim Japan-Air-Lines-Flug 123 im Jahr 1985, dem bis heute folgenschwersten Flugzeugunglück mit nur einer beteiligten Maschine!

Birdstrike

Wenn Geflügel Flugzeugen die Flügel stutzt

81

Noch unangenehmer als ein Tailstrike kann ein Birdstrike (auf Deutsch: Vogelschlag) werden. Dieses Wort beschreibt den Zusammenprall von armem Geflügel mit Luftfahrzeugen. Das ist nicht nur für die gefiederten Tiere sehr unangenehm, sondern kann auch die Cockpit-Crew ernsthaft ins Schwitzen bringen. Im besten Fall ist der Flugzeugführer durch den Aufprall des Fluges nur kurz erschreckt oder abgelenkt. In schlimmeren Fällen kann jedoch die Frontscheibe bersten und der Pilot verletzt werden oder der Vogel bzw. die Vögel gelangen in die Triebwerke und legen diese lahm.

Landung auf dem Hudson River

Mit genau diesem Problem hatten Captain Chesley B. Sullenberger und seine Crew am 15. Januar 2009 zu kämpfen. Wenige Minuten nach dem Take-Off am Flughafen New York-LaGuardia steuerte sein Airbus A320 der US Airways (heute aufgegangen in American Airlines), Flug 1549, geradewegs in einen Schwarm Gänse. Kurz darauf meldete Kapitän Sullenberger der Flugsicherung einen Schubverlust auf beiden Triebwerken. In dieser geringen Höhe war das ein wirklich ernstzunehmendes Pro-

Ein Vogelschwarm mit in sicherer Entfernung startender Airbus A380 in Düsseldorf

Zwei Vögel, die eine 737 bei der Landung in Berlin eskortieren

blem! Mögliche Flughäfen für eine Notlandung waren zu weit entfernt, und so wagte die Besatzung eine Notwasserung auf dem Hudson River, die glücklicherweise ohne ein einziges Todesopfer gelang, was für eine Wasserlandung äußerst ungewöhnlich ist. Um die Auswirkungen von Vogelschlag auf die Flugzeugstruktur zu untersuchen, wurde in den 1950er-Jahren die sogenannte „Hühnerkanone" entwickelt, die mit großem Druck gefrorenes Geflügel auf Flugzeugteile schießt und somit einen Vogelschlag bei hoher Geschwindigkeit simulieren kann. Heute ist das Testen mit eben jener Hühnerkanone für alle Flugzeuge vor der Zulassung vorgeschrieben.

Gründliche Untersuchung nach dem Vogelschlag

Oft geht ein Vogelschlag auch etwas glimpflicher aus, manchmal sind sogar gar keine Leistungseinbußen festzustellen. Trotzdem werden die Triebwerke nach jedem Vogelschlag gründlich untersucht, um dort oder an den Schaufeln auch kleinste Risse und Beschädigungen auszumachen. Das geschieht mit speziellen Geräten, die sich „Boroskope" nennen. Diese Boroskope ähneln ein wenig den Endoskopen aus der Medizin und sparen sehr viel Zeit und Aufwand. Sie ermöglichen den Technikern einen Blick in das Triebwerk, ohne es komplett auseinandernehmen zu müssen, wenn lediglich der Verdacht eines Birdstrikes vorliegt. Übrigens: Um Vögel zu vertreiben, halten sich viele Flughäfen tatsächlich Füchse!

Winglets

82 Wozu die nach oben gebogenen Flügelenden?

Moderne Verkehrsflugzeuge haben immer häufiger noch oben geklappte Enden an den Tragflächen. Diese Enden nennen sich „Winglets“ (oder je nach Form auch Sharklets, Wingtips etc.). Diese Winglets sehen natürlich nicht nur gut aus, sondern haben auch einen ganz bestimmten Zweck. Um diesen Zweck etwas zu erläutern, holen wir ein wenig aus.

Wirbelschleppen – unökonomisch und gefährlich!

Im Flug erzeugt das Flugzeug hinter sich sogenannte Wirbelschleppen. Das sind zopfartige, sich gegenläufig drehende Luftverwirbelungen. An sehr feuchten Tagen kann man diese als schmalen Streifen hinter den Tragflächen beobachten. Je nach Gewicht des Flugzeuges sind diese Wirbelschleppen unterschiedlich stark – je höher die Masse, desto stärker die Wirbelschleppe. Je nach Intensität dieser Wirbelschleppe kann dies für nachfliegende Flugzeuge richtig gefährlich werden, insbesondere, wenn diese Flugzeuge kleiner und leichter sind. Diese Tatsache macht eine Staffelung der Flugzeuge im An- und Abflug nötig und ist ein we-

Hier sind die zwei Winglets einer CRJ 900 NextGen gut zu erkennen.

Die elegant geschwungene Tragfläche der Boeing 787-8

sentlicher Faktor für die maximale Kapazität eines Flughafens. Ein Beispiel: Eine Cessna, die hinter einem A380 landen will, muss mindestens acht nautische Meilen hinter dem Koloss anfliegen, und das mit einem zeitlichen Abstand von drei Minuten.

Senkung des Treibstoffverbrauchs

Doch nicht nur für andere Flugzeuge sind Wirbelschleppen ungünstig; verwirbelte Luft wirkt sich auch negativ auf den Spritverbrauch aus. Hier kommen nun die Winglets ins Spiel. Diese gleichen die Luftverwirbelungen an den Tragflächenkanten nämlich aus und reduzieren somit den Verbrauch von Kerosin um ungefähr 3–5%. Ein weiterer Vorteil ist, dass diese Winglets auch Vibrationen an den Tragflächen mindern. Winglets können je nach Ausführung recht hoch sein. Die größten finden sich an der Boeing 767-300ER (3,45 Meter). Eine moderne Form der Winglets sind die „raked Wingtips", also elegant nach oben geschwungene Tragflächen, wie sie zum Beispiel die Boeing 787 besitzt. Diese Form wurde durch neue Baumaterialien möglich gemacht und kommt dem natürlichen Vorbild, dem Flügel eines Vogels, immer näher.

Die Idee für Winglets hatte ein gewisser Frederick W. Lanchester übrigens schon 1897, also noch vor dem ersten Motorflug! Er meldete ein entsprechendes Patent an. Im Zweiten Weltkrieg bedienten sich einige Flugzeuge dieser Idee und 1970, im Zuge der Ölkrise, beschloss die NASA, die alten Patente weiterzuentwickeln und voranzutreiben. Das erste Passagierflugzeug mit Winglets (damals als sogenannte „Wingtip Fences", Flügelendscheiben) war der Airbus A310-300.

Bordverpflegung

83 Schmeckt Tomatensaft in der Luft anders?

„Einen Tomatensaft, bitte!" – der Tomatensaft. DAS Flugzeuggetränk schlechthin, oder? Es ist ein kleines Phänomen: Während viele Menschen den Tomatensaft am Boden eher ignorieren und aufgrund seines doch etwas erdigen Geschmacks nie auf die Idee kämen, ihn im Supermarkt zu kaufen, ist er über den Wolken ein regelrechter Verkaufsschlager. Woran liegt das?

Ganz einfach: Aufgrund der sehr niedrigen Luftfeuchtigkeit in der Kabine, die meistens bei um die 10% liegt (zum Vergleich: selbst in der Sahara herrschen noch um die 25%) und des niedrigeren Kabinendrucks, der einer Höhe von 1.700 bis 3.000 Metern entspricht, ändert sich unser Geschmacksempfinden.

In der Luft verändert sich das Geschmacksempfinden

Das ist ein bisschen wie bei einer Erkältung. Die Nase (die für circa 80% unseres Geschmacksempfindens verantwortlich ist) und die Geschmacksnerven nehmen weniger als üblich wahr. So wird Salziges circa

Bordessen für hungrige Passagiere in der Galley (Bordküche)

Das Kultgetränk an Bord: Tomatensaft!

20–30% und Süßes immerhin um 15–20% weniger intensiv wahrgenommen. Auch Kräuter und Gewürze schmecken weniger aromatisch. Was dagegen uneingeschränkt gleich bleibt, ist das Empfinden für Säure! Deswegen wurde Flugzeugessen früher als etwas fade empfunden. Viele Fluggesellschaften haben daher nach 2010, als eine Studie durchgeführt wurde, die die oben genannten Ergebnisse lieferte, die Würzung ihrer Menüs an Bord angepasst!

Und genau das ist auch der Grund, warum Tomatensaft an Bord eines Flugzeugs im Gegensatz zum Tomatensaft, der auf dem Boden genossen wird, recht erfrischend schmeckt und deswegen gerne geordert wird. Bei der Lufthansa wird er sogar häufiger bestellt als Bier! Eventuell gibt es aber auch in Zeiten von sparsamerer Bordverpflegung einen weiteren Grund für die Beliebtheit: Er macht satt!

Speisen und Getränke an Bord werden aus sogenannten „Trolleys“ serviert. Das sind große, fahrbare Behältnisse, in denen neben der Bordverpflegung auch Utensilien aus dem Bord-Shop oder Müll Platz finden. Als die kommerzielle Luftfahrt noch in den Anfängen steckte, befand sich in einigen Flugzeugen eine echte Küche samt Koch, der die Passagiere verwöhnte. Auch heute noch gibt es Airlines mit Koch an Bord. In den Genuss dieser frisch zubereiteten Speisen kommen allerdings nur Passagiere einiger Business beziehungsweise First Classes.

Jetstreams

84

Schnell wie der Wind

So manchem Passagier dürfte es schon das ein oder andere Mal an Bord eines Transatlantikfluges aufgefallen sein: Irgendwie dauert der Hinweg nach Amerika immer deutlich länger als der Flug zurück nach Europa. Doch woran liegt das?

Die Antwort ist eigentlich recht simpel: Es liegt am Wind. An einem ziemlich kräftigen sogar, und zwar dem Jetstream. Dieser bläst mit großer Verlässlichkeit in sehr großen Höhen von Ost nach West. Windgeschwindigkeiten von 250 km/h und mehr sind dabei keine Seltenheit. Fliegt ein Flugzeug also über dem Atlantik gen Osten und lässt sich vom Jetstream etwas treiben, so addiert sich die Windgeschwindigkeit des Windes zu der relativen Geschwindigkeit der Maschine. Bei einer typischen Reisegeschwindigkeit von 890 km/h und einem Rückenwind von 210 km/h ergibt das eine Groundspeed, also eine Geschwindigkeit über Grund, von 1.100 km/h.

Ein Flugzeug fliegt durch eine Jetstream-Wolkenformation.

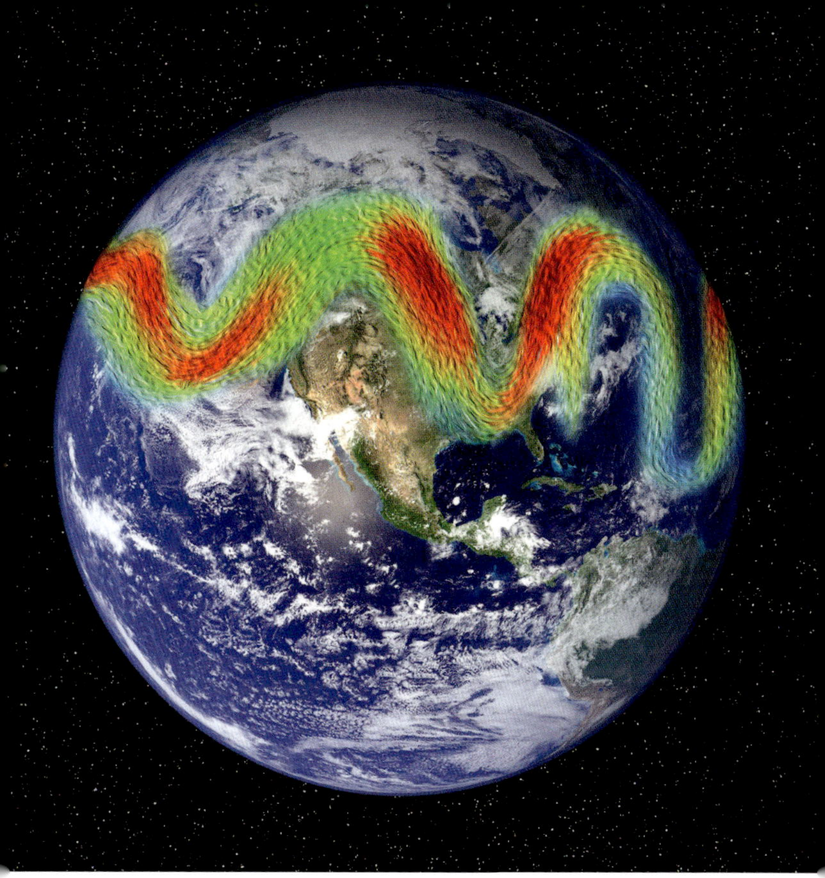

Grafische Visualisierung eines Jetstreams

Schneller und effizienter dank Rückenwind

Das hat zwei konkrete Vorteile: zum einen fliegt das Flugzeug wirtschaftlicher, da die Triebwerke weniger Leistung in Reiseflughöhe benötigen, und zum anderen bedeutet ein solch enormer Rückenwind natürlich einen signifikanten Zeitgewinn für die Passagiere. Der Jetstream ermöglicht also eine höhere Geschwindigkeit bei weniger Spritverbrauch. In der entgegengesetzten Richtung muss diese Windgeschwindigkeit natürlich als Gegenwind abgezogen werden. Deswegen versuchen Fluggesellschaften, ihre Flugrouten anhand der Wettervorhersagen immer so gut wie möglich an den Jetstreams auszurichten, um Flugzeit und Kerosin zu sparen.

Clear Air Turbulence

85

Luftlöcher? Gibt es gar nicht!

Entgegen der vom Volksmund verbreiteten Ansicht führen keineswegs die vielbeschworenen Löcher in der Luft zu Turbulenzen. Widmen wir uns noch einmal den Jetstreams. Diese sind ja schön und gut, um Zeit und ein wenig Sprit zu sparen. Allerdings haben die Jetstreams natürlich Ränder. An diesen Rändern trifft sich sehr schnell bewegende auf langsame Luft. Dieser große Geschwindigkeitsunterschied führt zu Verwirbelungen in der Luft, also Turbulenzen, die das Flugzeug ordentlich wackeln lassen.

Bitte anschnallen!

Für diese Turbulenzen gibt es tatsächlich keine visuellen Anzeichen, wie zum Beispiel Wolken oder Ähnliches. Das hat vielleicht zu der fälschlichen Vermutung unter Passagieren geführt, dass es sich um ein Luftloch handeln muss, wenn man plötzlich das Gefühl hat, abzusacken. Tatsächlich nennt sich dieses Phänomen jedoch „Clear Air Turbulence", also „Klarluft-Turbulenz", auch Turbulenz in wolkenfreier Luft genannt.

Starke Turbulenzen können der Kabine ordentlich zusetzen.

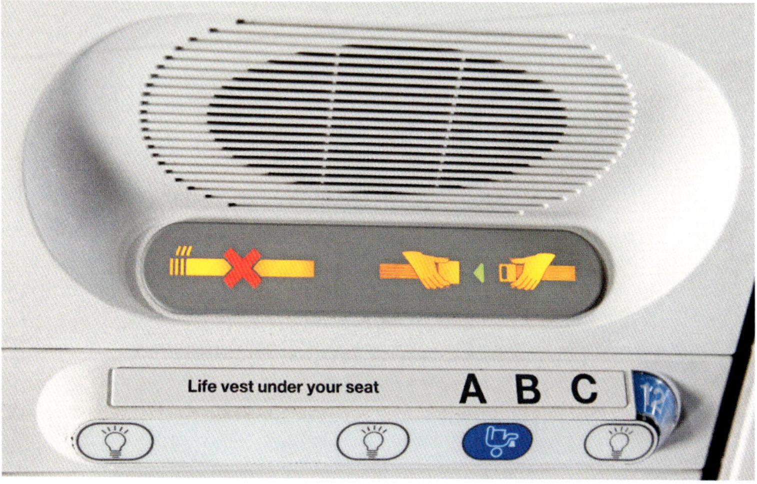

Immer schön angeschnallt bleiben!

Diese Clear Air Turbulenzen können trotz des enormen technischen Fortschritts vom Wetterradar nicht angezeigt werden; auch auf Wetterkarten kann nur erahnt werden, wie breit der Jetstream ist und wo Clear Air Turbulenzen in der Konsequenz auftreten könnten. Die Vorhersage dieser Turbulenzen gleicht also eher einem Glücksspiel. Das ist auch der Grund, warum man, auch nach Erreichen der Reiseflughöhe, angeschnallt bleiben sollte, solange man sitzt. Es gibt immer wieder Fälle, in denen die Turbulenzen so stark waren, dass Passagiere aus ihren Sitzen gegen die Kabinendecke geschleudert wurden und Trolleys munter durch die Kabine flogen. Für das Flugzeug dagegen sind Clear Air Turbulenzen heutzutage ungefährlich.

Schwere Zwischenfälle

Ein schweres Unglück ereignete sich am 28. Dezember 1997 in einer Boeing 747 der United Airlines auf dem Weg von Tokio nach Honolulu (das Foto links wurde auf diesem Flug aufgenommen). Nach zwei Stunden Flugzeit erhielt die Besatzung eine Warnung vor heftigen Clear Air Turbulenzen. Diese waren so stark, dass das Flugzeug zuerst stieg, um dann abrupt über 30 Meter abzusacken. Dabei wurde die Kabine verwüstet, Passagiere sowie Trolleys flogen durch die Luft und an die Decke. Über hundert Menschen verletzten sich zum Teil schwer, ein Passagier überlebte nicht. Das Flugzeug drehte daraufhin nach Tokio um. Vorfälle wie diese können immer wieder auftreten, weswegen man die Anschnallzeichen der Cockpit-Crew immer ernst nehmen sollte.

Eine Bombe an Bord?

Und wohin damit?

86

Neben einem über fünf Stunden hinweg pausenlos schreienden Baby oder lauthals schnarchenden Sitznachbarn ist eine Bombe wohl das Letzte, was man an Bord eines Flugzeuges finden möchte. Doch nehmen wir einmal an, dieser Fall tritt ein – wohin damit?

Einfach aus dem Flugzeug werfen ist leider vollkommen unmöglich. Die Flugzeugtüren lassen sich im Flug nicht öffnen, denn der Druck auf die Türen ist dafür viel zu hoch. Das liegt daran, dass der Kabinendruck viel höher als der Außendruck ist; die Tür wird also quasi in ihre Verschalung gepresst. Im Reiseflug wirkt eine Kraft von mehr als einer Tonne auf die Tür – einen solchen Muskelberg zur Bewegung dieser Masse besitzt kein Mensch! Dazu kommt natürlich auch die Luftströmung, die von außen auf die Tür einwirkt.

Die Galley einer Boeing 747-400

Es gibt sicher angenehmere Dinge als eine Bombe an Bord ...

Möglichst weit weg von den Tragflächen

Sich der Bombe so zu entledigen ist also keine Möglichkeit. Doch wie kann man das Problem stattdessen lösen? Flugbegleiter/innen lernen es folgendermaßen: Das verdächtige Objekt wird in eine Decke gepackt und an folgenden Orten immer in Flugrichtung rechts verstaut: Entweder in der hintersten Toilette in der Aft Cabin oder ganz vorn in der Galley, also der Bordküche, direkt hinter dem ersten Offizier. Dort wird dann der Trash-Compactor (also eine Art Mülleimer) herausgenommen, der verdächtige Gegenstand platziert und der Compactor danach wieder eingesetzt. Warum ganz vorn oder ganz hinten? Ganz einfach: möglichst weit weg von den Tragflächen und Treibstofftanks der Maschine. Natürlich sollte alsbald der Kapitän informiert werden, der daraufhin eine sofortige Notfall-Landung in die Wege leiten würde.

Die Störklappen

87

Was fährt da oben aus der Tragfläche?

Wir sind nun schon eine Weile in der Luft gewesen und nähern uns der Destination. Es wird Zeit für den Sinkflug! Ein hierfür wichtiges aerodynamisches Element eines Flugzeuges befindet sich auf der Tragflächenoberseite – die Störklappen, auf Englisch auch „Spoiler" genannt. Diese Spoiler haben grob gesagt zwei Zwecke. Einerseits erhöhen sie den Luftwiderstand und stören durch ihr teilweises oder auch volles Ausfahren den Auftrieb. Das mag zunächst unlogisch klingen, denn ein Flugzeug soll ja in erster Linie Auftrieb erzeugen und fliegen! Beim Approach, dem Anflugverfahren, ist dieser Effekt aber oftmals durchaus gewünscht.

Hilfe zum Abbauen der Geschwindigkeit

Zum Beispiel, wenn man etwas schneller sinken muss, ohne dabei das Geschwindigkeitslimit zu überschreiten (z.B. 250 Knoten unter 10.000 Fuß), oder man die Fluggeschwindigkeit schnell und effizient abbauen will. Unmittelbar nach dem Touchdown, also dem Aufsetzen des

Ausgefahrene Störklappen eines Airbus A320-200 im Approach

Hier sind die Spoiler eingefahren.

Fahrwerks auf die Landebahn, fahren die Spoiler voll aus, um zum einen das Flugzeug schneller abzubremsen, aber vor allem, um den Auftrieb stark zu reduzieren und die Räder stärker zu belasten. So sprechen die Bremsen des Fahrwerks besser an. Außerdem wird so vermieden, dass das Flugzeug nach dem Aufsetzen noch einmal nach oben „hüpft". Der andere Zweck der Spoiler ist die Unterstützung der Querruder im Kurvenflug, da sie dem negativen Wendemoment entgegenwirken.

Luftbremsen

Neben den Störklappen gibt es bei einigen Flugzeugen auch noch die sogenannten Luftbremsen. Diese können ausgefahren werden (meist senkrecht ober- und unterhalb der Tragflächen), um gegen den Auftrieb zu wirken und so das Flugzeug zu bremsen. Das ist zum Beispiel bei Segelflugzeugen für den Landeanflug nützlich; deren Tragflächen erzeugen einen enormen Auftrieb und ein Sinkflug kann sich ohne die Hilfe der Luftbremsen als recht schwer erweisen. Auch bei Kampfjets finden sich mitunter Luftbremsen, die aus dem Rumpf ausfahren.

Auftriebshilfen

Flaps und Slats

88

Spoiler sind natürlich nicht das Einzige, was während des Fluges aus der Tragfläche fährt. Eine andere wichtige Vorrichtung sind die sogenannten „Flaps", umgangssprachlich auch Landeklappen genannt (sie werden allerdings auch beim Start verwendet), die aus der Tragflächen-Hinterkante ausfahren, und die „Slats", die vorne an der Tragfläche ausfahren.

Auftriebshilfe im Langsamflug

Bei den Flaps und Slats handelt es sich um Auftriebshilfen, um den sicheren Flug auch in langsamen Geschwindigkeitsbereichen – zum Beispiel beim Start und bei der Landung – zu ermöglichen. Durch das Ausfahren der Flaps wird die Flügelfläche künstlich vergrößert. Durch diese Vergrößerung des Profils ist das Flugzeug auch schon bei deutlich niedrigeren Geschwindigkeiten als im „normalen" Zustand flugfähig. Das macht man sich bei der Landung zunutze, da moderne Tragflächen von Düsenflugzeugen meist gepfeilt (also schräg nach hinten) und somit auf hohe Geschwindigkeiten ausgelegt sind, und im Zustand ohne ausgefahrene Flaps

Ein Airbus A320 mit für den Start ausgefahrenen Slats

Die gewaltigen Flaps dieses Airbus A380 der Emirates sind gut zu erkennen.

zu wenig Auftrieb liefern. Das Flugzeug müsste also sehr schnell anfliegen, was die Landung gefährlicher machen würde. Auch beim Start werden die Klappen bis zu einem gewissen Level (je nach Flugzeug variiert die Stellung natürlich) ausgefahren, um ein früheres Abheben zu ermöglichen. Allerdings nicht zu weit, denn die Flaps erzeugen nicht nur Auftrieb, sondern auch eine Menge Luftwiderstand.

Widerstand ist nicht ganz zwecklos

Das ist aber prinzipiell nichts Schlechtes: Beim Anflug kann es durchaus anspruchsvoll sein, ein Flugzeug mit einer großen Masse von der Reisegeschwindigkeit auf die Landegeschwindigkeit zu bringen. Die Flaps helfen dabei, die Geschwindigkeit im Approach sukzessive abzubauen. Es gibt allerlei verschiedene Arten von Flaps, bei Airbus und Boeing können diese auch mal unterschiedlich aussehen. So benutzt Airbus Klappen mit einem Spalt und Boeing (wie zum Beispiel bei der 747-400) Klappensysteme mit bis zu drei Spalten. Das Grundprinzip bleibt aber immer gleich! Auch an der Flügelvorderkante gibt es Auftriebshilfen. Bei Airbus sind das die Vorflügel (englisch „Slats“), bei Boeing nennen sich diese Vorflügel „Krügerklappen“. Auch diese Slats sorgen für ein größeres Profil der Tragfläche und damit für mehr Auftrieb und Luftwiderstand. Benannt sind diese Klappen nach ihrem Erfinder: Werner Krüger hatte sie mitten im Zweiten Weltkrieg, 1943, entwickelt. 1952 wurden derartige Klappen erstmals verwendet – am englischen Bomber Handley Page H.P.80 Victor.

Reverse Thrust

Der Umkehrschub

89

So ein Verkehrsflugzeug ist bei der Landung ganz schön schnell. Geschwindigkeiten im Bereich von 250 bis 300 km/h sind hier an der absoluten Tagesordnung. Wie schon erwähnt, wird die Maschine in der Luft im Anflug durch den gezielten Einsatz der Störklappen und Flaps abgebremst. Nach dem Aufsetzen ist beim Abbremsen aber Eile geboten, da die Runway nur eine begrenzte Länge hat. Dazu werden neben den Radbremsen abermals die Störklappen (Speedbrakes), die das Flugzeug nicht nur durch Widerstand abbremsen, sondern auch den Auftrieb zerstören, sowie der Umkehrschub verwendet. Diesen Umkehrschub (auch Schubumkehr genannt) kann man bei jedem Wetter nutzen; er bringt das Flugzeug recht schnell und zuverlässig zum Stehen.

Zügiges Abbremsen nach der Landung

Der Umkehrschub ist logischerweise ins Triebwerk integriert. Der Aufbau unterscheidet sich von Flugzeugtyp zu Flugzeugtyp, aber auch hier bleibt das Prinzip das gleiche: Durch eine mechanische Vorrichtung wird der Schub, der in Flugrichtung wirkt, ganz oder teilweise in die umge-

Die ausgefahrene Schubumkehr eines (nun ausgemusterten) A330 der Emirates

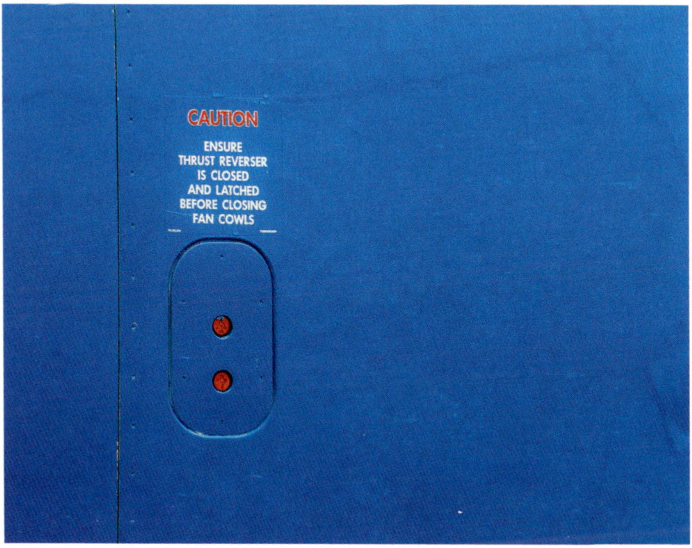

Detailaufnahme eines Triebwerks. Der aufgedruckte Warnhinweis ist zu beachten!

kehrte Richtung gelenkt, um das Flugzeug zu bremsen. Ist das Flugzeug bei der Landung auf 60 Knoten abgebremst, wird die Schubumkehr wieder ausgeschaltet. Tut man das nicht, riskiert man, dass kleine Steine an der Runway aufgewirbelt und vom Triebwerk angesogen werden. Das wäre für die Motoren etwas weniger gesund und für die Airlines ein sehr teures Vergnügen. Diese Gefahr der Verwirbelung ist auch der Grund, warum der Airbus A380 nur an den innenliegenden Triebwerken eine Schubumkehr besitzt. Der Koloss hat eine solch enorme Spannweite, dass die äußeren Triebwerke oftmals über den Rand der Runway hinausragen. Eine Schubumkehr wäre hier also sehr gefährlich.

Schubumkehr bei Propellerflugzeugen

Auch Propellerflugzeuge können eine Schubumkehr haben. Diese funktioniert, indem die Propeller nach der Landung so umgestellt werden, dass ein Schub in die umgekehrte Richtung erzeugt wird. Sicherheitsvorrichtungen verhindern übrigens, dass die Schubumkehr in der Luft aktiviert werden kann. Die Bordcomputer geben das System erst frei, wenn das Hauptfahrwerk den Boden erreicht hat. Einen Nachteil hat der „reverse thrust“ aber: Er macht verdammt viel Krach. Deswegen darf er an vielen deutschen Flughäfen nachts – wenn überhaupt – nur im Leerlauf verwendet werden.

Minimums

90

Die Entscheidungshöhe

Es gibt einen Punkt im Endanflug auf die Landebahn, an dem der Pilot entscheiden muss, ob er den Anflug fortsetzt oder ob durchgestartet wird. Dieser Punkt ist die Entscheidungshöhe (auch „Minimums" genannt). Diese Höhe ist vorher klar definiert. Ist die Landebahn bei Erreichen der Entscheidungshöhe nicht zu sehen oder verhindert ein anderer Faktor eine sichere Landung, so wird die Landung abgebrochen. So ein anderer Faktor könnte zum Beispiel ein anderes Flugzeug auf der Runway sein, das sich partout nicht vom Fleck bewegen will, oder aber ein blökender Elch, der es sich in der Sonne auf der Touchdown-Zone gemütlich gemacht hat. Spaß bei Seite: Weiter geht's.

Decision Height

Im Grunde gibt es zwei Arten von Entscheidungshöhen. Die erste dieser Höhen ist die sogenannte „Decision Height" (zur zweiten Variante, der „Decision Altitude", mehr im folgenden Kapitel). Die Decision Height gibt die Höhe des Luftfahrzeuges über dem Erdboden an. Gemessen wird diese Decision Height mithilfe des Radarhöhenmessers (Radio Altimeter). Dieser Radarhöhenmesser ist für die Piloten eine große Hilfe, da sie so immer wissen, wie weit sie tatsächlich vom Boden entfernt sind. Das ist gerade bei schlechtem Wind wichtig, da es schlicht nicht möglich ist, die Höhe über dem Meeresspiegel im Flug ständig parallel dazu mittels einer Karte mit der Höhe des Terrains abzugleichen. Die Decision Height wird bei ILS-Anflügen der Kategorie II und III verwendet (also bei Anflügen mit sehr schlechten Sichtbedingungen).

Endanflug auf die (noch recht neue) Piste 07L des Frankfurter Flughafens

CAT I, II und III

91

Keine Sicht? Kein Problem!

Neben der „Decision Height“ gibt es noch die sogenannte „Decision Altitude“. Dies ist die Höhe über Normalnull (also über dem Meeresspiegel) und sie misst sich mithilfe des klassischen barometrischen Höhenmessers. Diese Decision Altitude wird ausschließlich bei Instrumenten-Anflügen (mittels ILS) der Kategorie I verwendet. Kategorien schön und gut: Aber was bedeuten ILS und CAT I, II und III eigentlich? Das Instrumentenlandesystem (ILS) hilft dem Piloten dabei, die Landebahn auch bei schlechter Sicht zu finden. Und CAT hat in diesem Falle nichts mit unseren schnurrenden Freunden zu tun; die Kategorien des ILS determinieren die Entscheidungshöhe:

CAT I: Hier liegt die Entscheidungshöhe bei 200 Fuß über Grund. Voraussetzung dafür ist eine Landebahnsicht („Runway Visual Range“, RVR) von mehr als 550 Metern.

CAT II: Jetzt geht es so langsam ans Eingemachte. Die RVR muss hier bei mindestens 300 Metern liegen. Bei CAT II liegt die Entscheidungshöhe zwischen 100 und 200 Fuß.

CAT IIIa: Bei einer RVR von mindestens 175 Metern liegt die Decision Height hier bei 0-100 Fuß über Grund.

CAT IIIb: Jetzt wird die Suppe ziemlich dicht! Hier muss die RVR bei mindestens 50 und maximal 175 Metern liegen. Die Entscheidungshöhe liegt bei CAT IIIb bei 0-50 Fuß.

CAT IIIc: Diese Kategorie ist noch nicht zugelassen. Theoretisch gäbe es hier bei einer RVR von 0 keine Entscheidungshöhe.

Das ILS des Flughafens Hannover

92 Go-Around!

Volle Kraft voraus

„Go-Around" bedeutet: Durchstarten! Das bezeichnet den Vorgang, mit dem der Pilot eines Flugzeuges einen begonnenen Landeanflug durch Gasgeben und Einleiten eines Steigfluges abbricht. Das kann entweder von der Flugsicherung angeordnet oder eigenmächtig vom Piloten entschieden werden.

Ein Go-Around kann verschiedene Gründe haben. Der häufigste ist das Nichterkennen der Landebahn bei Erreichen der oben genannten Entscheidungshöhe. Weitere Gründe sind zum Beispiel andere Flugzeuge oder Fahrzeuge, die die Runway blockieren. Letztendlich wird immer durchgestartet, wenn eine sichere Landung nicht garantiert ist – If in doubt, keep out!

Moderne Airliner verfügen über verschiedene Systeme, die das Durchstarten für die Crew erleichtern, so zum Beispiel der TOGA („Take-Off/Go-Around")-Knopf an den Schubhebeln, der beim Drücken die Triebwerke automatisch und schnell auf die maximal erlaubte Schubleistung bringt.

Eine Air X Cessna 750 Citation X, die in Malta Touch-and- Go's vollführt!

Hier dreht eine 737-8K2 der KLM in Amsterdam nach einem Go-Around ab!

Go-Around – was ist zu tun?

Zum Ende des Fluges hin wiegt das Flugzeug aufgrund des verbrannten Treibstoffs natürlich (besonders bei Langstrecken) viel weniger als beim Start. Die Beschleunigung bei einem Durchstartmanöver kann daher schon mal recht zügig ausfallen. Zusammen mit dem plötzlichen Übergang von einem gemächlichen Sinkflug zu einem recht starken Steigflug kann das bei manchen Passagieren ein gewisses Unbehagen auslösen. Doch hierbei braucht man sich natürlich keine Sorgen zu machen: Das Durchstartmanöver erfolgt nach genau einzuhaltenden Checklisten. Hier ist in kurzer Zeit viel zu tun: So wird zuerst die TOGA-Power gesetzt, die Klappen werden auf ein niedrigeres Level sowie bei einer positiven Steigrate das Fahrwerk wieder eingefahren. Danach kontrollieren die Piloten, ob die Instrumente die richtigen Werte anzeigen. Ab einer gewissen Höhe wird, wie bei einem normalen Take-Off, in die Acceleration Altitude übergegangen und die normale „After Take-Off Checklist" durchgegangen. Welcher Flugweg und welche Höhen von der Crew nach einem Durchstarten einzuhalten sind, ist in den jeweiligen Anflugkarten genau definiert. Wie man sieht, läuft auch der Vorgang des „Durchstartens", so spontan und unvorhersehbar er auch erscheinen mag, wie jede andere Prozedur in der Luftfahrt nach genau festgelegten Verfahren ab.

Landen ohne Sicht

93

Das ILS

Landen ohne Sicht nach draußen, bei dichtem Nebel oder starkem Regen, der die Sicht beeinträchtigt – wie schaffen das die Piloten eigentlich? Ein Teil dieser Antwort ist das „Instrumentenlandesystem“, kurz ILS. Dieses System hilft der Besatzung im Cockpit mit zwei sogenannten Leitstrahlen. Diese zwei Leitstrahlen sind der „Localizer“ und der „Glideslope“: Der Localizer dient dazu, den Piloten die seitliche (also horizontale) Abweichung zum Landekurs anzuzeigen, und der Glideslope gibt Informationen über die vertikale Abweichung zum idealen Pfad herunter zur Runway.

Der Localizer

Genau 300 Meter hinter der Landebahn befindet sich das Antennensystem des Localizers. Dieses System sendet zwei Signale links und rechts von der Runway aus, die auf unterschiedlichen Frequenzen senden. Eine dritte Frequenz kann im Cockpit angewählt werden. Die zwei erstgenannten Frequenzen überlagern sich. Wenn die Differenz dieser beiden

Das Flugzeug des Flight Calibration Service testet das ILS der Flughäfen.

Die Sicht kann sich schnell verschlechtern. Gut, dass es das ILS gibt!

Frequenzen gleich null ist, befindet sich das Flugzeug auf dem idealen Kurs. Der Bordcomputer des Flugzeuges hat die Aufgabe, diesen „Nullpunkt" zu finden. Die Abweichung von diesem Landekurs kann den Piloten im Cockpit dann visuell dargestellt werden.

Der Glideslope

So ähnlich funktioniert das ebenfalls beim Glideslope. Auch hier wird für eine Position „zu weit oben" ein 90-Hertz-Signal und für „zu weit unten" ein 150-Hertz-Signal verwendet. Befindet sich das Flugzeug genau in der Mitte dieser beiden Signale, ist es auf dem idealen Gleitpfad. Dieser ideale Gleitpfad herunter zur Landebahn beträgt typischerweise drei Grad, kann an einigen Flughäfen aber auch niedriger oder höher sein (so zum Beispiel in London City, wo der Pfad mit 5,5 Grad äußerst Steil ist; mehr dazu weiter hinten im Buch). Auch diesen Gleitpfad kann sich der Pilot in seinem PFD anzeigen lassen. Anhand dieses Systems kann der Autopilot moderner Flugzeuge das Flugzeug sogar von selbst und automatisch landen – eine Funktion, die den Piloten bei äußerst geringen Sichtweiten sehr zugutekommt.

Gefahren an Flughäfen

94

Was macht Flughäfen potenziell gefährlich?

Ein für die Piloten idealer Flughafen liegt in einem windstillen Gebiet auf Meereshöhe, das Ganze ist dann im besten Falle noch gepaart mit einem milden Klima und keinen störenden Hindernissen, wie zum Beispiel umliegenden Bergen oder Gebäuden, die den Ab- oder Anflug gefährden könnten. Ein solches Szenario ist natürlich unrealistisch. Doch was macht einen Flughafen potenziell gefährlich? Es gibt unzählige Faktoren, die eine Crew etwas ins Schwitzen bringen können.

Hindernisse, „Hot and High" und mehr

In erster Linie sind das geografische Faktoren. So liegen einige Flughäfen in einem Talkessel, umgeben von Dutzenden hohen Bergen, die einen geradlinigen Approach auf die Landebahn unmöglich machen. Andere Flughäfen liegen wiederum in Gebieten, in denen starke Seitenwinde an der Tagesordnung sind. Tückisch sind auch Airports in sogenannten „Hot and High"-Gebieten, wie zum Beispiel der Flughafen von La Paz in Bolivien, einer der höchstgelegenen Flughäfen der Welt. Mit zunehmender Höhe nimmt die Leistung der Triebwerke nämlich ab und die Strecke, die für den Startlauf benötigt wird, erhöht sich dadurch nicht unerheblich. Hohe Temperaturen begünstigen diesen Effekt, da die Motoren hier weniger Leistung liefern. Andere Hindernisse sind infrastruktureller Art. Ein Beispiel dafür ist eine extrem kurze Runway oder eine schlechte Runwaybefeuerung, fehlende Markierungen oder nicht vorhandene Navigationshilfen wie zum Beispiel Instrumentenlandesysteme. In den folgenden Kapiteln werden ein paar Flughäfen vorgestellt, die für Piloten etwas anspruchsvoller sind.

Ein Airbus A340 der Air France in St. Martin in der Karibik

95

London City

Ein Flughafen mitten in der Stadt

Ein Flughafen der besonderen Art ist London City (LCY/EGLC). Dieser Flughafen ist wahrlich recht speziell: Ende der 1980er-Jahre wurde auf den früheren Royal West Indies Dockyards ein neuer Flughafen errichtet, unweit des Londoner Stadtzentrums und nahe des Bankenviertels – perfekt also für Geschäftsreisende.

Es gibt jedoch einige Dinge, die diesen Flughafen für die Piloten äußerst anspruchsvoll machen. Zum einen ist die Piste mit gerade einmal 1.508 Metern ziemlich kurz. Nur wenige Verkehrsflugzeuge sind für diesen Airport zugelassen, so zum Beispiel der Airbus A318 oder der Avro RJ100.

For Captains only!

Zum anderen befinden sich rund um den Airport Wohnhäuser und westlich des Platzes auch noch einige hohe Gebäude. Aus Rücksicht auf die Anwohner muss LCY in einem sogenannten „Steep Approach"-Verfahren angeflogen werden. Das heißt, dass die Piste nicht wie üblich in einem 3-Grad-Pfad, sondern in einem 5,5-Grad-Pfad angeflogen wird.

Startet man in London City, bekommt man genau diesen Ausblick.

Dazu kommt natürlich auch noch, dass der Großraum London einer der am dichtesten gefüllten Lufträume Europas ist. All diese Dinge führen dazu, dass der Platz zumeist nur von Kapitänen angeflogen werden darf. Diese benötigen dazu außerdem eine spezielle Lizenz.

Kai Tak

96

Checkerboard und enge Kurve im Endanflug

Kai Tak. Diese zwei Worte sind unter Flugzeugfans wohl legendär. Bis zum 6. Juli 1998 war dieser Airport mit dem Kürzel HKG/VHHH das internationale Drehkreuz der Sonderverwaltungszone Hongkong. Kai Tak war ein äußerst anspruchsvoller Flughafen für die Cockpit-Besatzung. Vielen galt er als einer der am schwierigsten anzufliegenden internationalen Flughäfen der Welt. Kai Tak war von mehreren hohen Bergen umgeben, die einen geradlinigen Anflug auf die Piste 13 unmöglich machten. Leider waren Landungen auf eben dieser Piste aber aufgrund der vorherrschenden Windrichtung nicht zu vermeiden. Deswegen führte der Gleitstrahl des Instrumentenlandesystems nicht wie üblich direkt zur Landebahn, sondern geradewegs auf einen nahegelegenen Hügel zu: den Checkerboard Hill. Dieser Hügel war, wie der Name andeutet, mit einem rotweißen Schachbrettmuster verziert, um ihn deutlich von der Umgebung zu unterscheiden.

Dichte Besiedlung und starke Seitenwinde

Erst kurz vor Erreichen des Checkerboard Hill musste eine enge Rechtskurve eingeleitet werden, um sich an der Landebahn 13 auszurichten. Dabei half den Piloten eine bogenförmig verlaufende, blitzende

Eine chinesische Briefmarke von 1996 zeigt Kai Tak.

Der Ausblick von Flugzeugen inmitten des Häusermeers von Hongkong war atemberaubend.

Anflugbefeuerung. Nach dieser Kurve hatte der Pilot vor dem Aufsetzen nur noch einige wenige Sekunden Zeit, um die Maschine zu stabilisieren. Erschwerend kam hinzu, dass in Kai Tak oft schwere Seitenwinde herrschten und das Manöver in niedriger Höhe über sehr dicht besiedeltem Gebiet stattfand. Manche Passagiere berichteten, dass sie aufgrund der niedrigen Flughöhe die Fernseher in den Wohnzimmern der Einwohner flimmern sehen konnten!

Das Ende von Kai Tak

Ein zu frühes Aufsetzen war deswegen nicht ohne Gefahr, eine Landung vor der „Touchdown Zone" wurde mit empfindlichen Bußgeldern belegt. Da die Runway in den Victoria Harbor hineinragte, sollte auch ein zu spätes Aufsetzen vermieden werden, um nicht im Wasser zu landen (ja, das ist tatsächlich passiert).

Nur eine Runway und ein Terminal aus den 1960er-Jahren, das auf eine Passagierzahl von gerade einmal 24 Mio. ausgelegt war – das reichte irgendwann nicht mehr aus. Ende der 1990er wurden bereits 30 Mio. Passagiere gezählt. Aufgrund der genannten Faktoren und eines Nachtflugverbots, das ein weiteres Wachstum unmöglich machte, beschloss man, einen neuen Flughafen außerhalb der Stadt zu bauen: den heutigen Chek Lap Kok. In der Nacht des 6. Juli 1998 startete die letzte Maschine in Kai Tak.

Madeira

97

Ein Flughafen auf Stelzen

Widmen wir uns einem Flughafen, der einige Parallelen zum alten Kai Tak Airport aufweist. Eine etwas abgelegene Insel, mitten im Atlantik: das ist das portugiesische Madeira. Hier befindet sich der Aeroporto da Madeira (oder auch Funchal Airport, benannt nach dem Hauptort der Insel). Erst seit 1964 verbindet der Flughafen Madeira fliegerisch mit der Außenwelt. Doch dieser hat es in sich: Der Flughafen mit dem IATA-Kürzel FNC und dem ICAO-Code LPMA liegt unmittelbar am Hang einer Steilküste, Windscherungen und starke Fallwinde sind hier deswegen an der Tagesordnung, ein Instrumentenlandesystem existiert nicht und kurz vor dem Touchdown auf der Piste 05 (die aufgrund der vorherrschenden Winde meistens angeflogen werden muss) muss wegen des umgebenden Terrains eine enge Rechtskurve geflogen werden – Go-Arounds sind hier also, wenig überraschend, an der Tagesordnung!

Das Stützbauwerk aus Beton ist hier gut zu sehen.

Line-Up auf der Runway 05 kurz vor dem Start

Tückisches Wetter und eine (früher) kürze Runway

Früher war der Anflug auf FNC sogar noch ein Stück gefährlicher. Die Piste war zur Eröffnung gerade einmal 1.600 Meter lang und wies ein leichtes Gefälle auf – beides keine idealen Bedingungen zum Abbremsen schwerer Flugzeuge. Dazu kommt, dass beide Enden der Runway über dem Meer und steilen Klippen aufhören. Das wurde 1977 einer Boeing 727-200 der portugiesischen Airline TAP zum Verhängnis, die bei starkem Regen 600 Meter hinter der Landebahnschwelle aufsetzte und aufgrund von Aquaplaning nicht mehr rechtzeitig zum Stehen kam. Das Flugzeug stürzte 40 Meter tief und zerschellte auf den Klippen, 131 Personen an Bord fanden den Tod.

LPMA heute

Immerhin wurde die Landebahn 1985 um 200 Meter verlängert. Doch auch 1.800 Meter sind immer noch sehr kurz! Im September 2000 wurde deswegen die neue Start- und Landebahn eröffnet, die zu ihrem Ende hin von einem gewaltigen Stützbauwerk getragen wird und nun 2.777 Meter lang ist. Wie London City darf auch Madeira nur von Flugkapitänen mit einer speziellen Einweisung angeflogen werden.

Übrigens: Einer der wohl bekanntesten Fußballer weltweit, Cristiano Ronaldo, stammt aus Madeira. Ihm zu Ehren soll der Flugplatz in naher Zukunft in Aeroporto de Cristiano Ronaldo umgetauft werden.

Tenzing-Hillary Airport

Der wohl gefährlichste Flughafen der Welt

98

Der Himalaya ist das größte Hochgebirge der Welt und die Heimat des höchsten Berges unseres Planeten: des Mount Everest. Um diesen Koloss zu besteigen, musste man früher eine einwöchige Reise von Jiri aus in Kauf nehmen, um den Ausgangspunkt für eine Besteigung zu erreichen. 1964 änderte sich das, als unter der Überwachung von Edmund Hillary, einem der ersten zwei erfolgreichen Erklimmer des Everest, ein kleiner Flughafen in Lukla errichtet wurde.

Es gibt keinen Weg zurück

Klein – das ist durchaus wörtlich zu nehmen. Viel gefährlicher kann ein Flugplatz eigentlich gar nicht sein. Die Runway ist mit 527 Metern extrem kurz. Dazu kommt, dass das Gefälle der Piste mit 12% sehr stark ist und sie außerdem in nur einer Richtung angeflogen werden kann, nämlich

Eine Dornier Do-228 in Lukla

Die Piste am Flughafen VNLK hat ein starkes Gefälle und ist sehr kurz.

in Richtung eines Berges, an dem die Landebahn endet! Das macht ein Durchstarten unmöglich. Ab einem gewissen Punkt im Anflug heißt es: Auf Gedeih und Verderb runter! Gestartet wird logischerweise in die andere Richtung. Beim Beschleunigen hilft das starke Gefälle hier enorm. Nur wenige Flugzeuge mit STOL („short takeoff and landing")-Eigenschaften dürfen Lukla anfliegen. Und selbst diese Flugzeuge steigen zuerst voll in die Bremsen, geben Vollgas und lösen die Bremsen dann, um die Beschleunigung zu erhöhen. Die Runway endet abrupt mit einem 600 Meter tiefen Hang!

Dichtes Gedränge und zahlreiche Unglücke

Trotz der geringen Größe des Airports und der äußerst widrigen Bedingungen fliegen in der Hochsaison 50 mit Touristen bepackte Maschinen pro Tag nach Lukla. Zahlreiche Maschinen verunglückten hier schon, der letzte schwere Absturz einer Twin Otter ereignete sich 2008. Die Maschine geriet kurz vor dem Aufsetzen in eine dichte, plötzlich aufgetretene Nebelbank und zerschellte kurz vor der Runway, weil sie zu tief anflog. Von den 19 Insassen überlebte nur der Pilot. Das Wetter ist ein weiteres Problem des Flughafens, da die Winde oft nicht berechenbar sind und Wolken ganz plötzlich aufziehen.

Toncontín, Honduras

Hoch gelegen und schlecht ausgebaut

99

Bergiges Terrain, das einen geraden Anflug unmöglich macht, eine kurze Runway, Erdhügel kurz vor dem Aufsetzpunkt, schwierige Wetterbedingungen, eine Platzhöhe von 1.000 Metern und ein recht dicht besiedeltes Gebiet – schmeißt man alle diese Zutaten zusammen, ergibt das einen Cocktail der besonderen Art: den Flughafen Toncontín in Tegucigalpa, Honduras. Der Anflug auf diesen Flughafen gilt als einer der schwierigsten Anflüge der Welt, einige schätzen ihn sogar hinter Lukla als zweitgefährlichsten Airport weltweit ein.

Ein Ritt durch die Berge

Der Approach führt hier in vielen Kurven durch enge Täler, der letzte Teil des Anfluges muss anhand von Landmarken auf Sicht durchgeführt werden. Erst im letzten Moment vor dem Aufsetzen wird vor einem Hügel eine äußerst steile Linkskurve eingeleitet, die erst knapp vor dem Ausschweben endet. Danach muss das Flugzeug auf einer mit 2.163 Metern ziemlich kurzen Landebahn zum Stehen gebracht werden. Aufgrund der hohen vorherrschenden Temperaturen im Sommer und der Höhe des Airports ist das ein mehr als anspruchsvolles Unterfangen.

Das Flughafengelände Toncontín, bevor der Hügel abgetragen wurde

100

Flughafen Malé

Eine Landebahn im Paradies

Der folgende Flughafen ist nicht gefährlich, sondern einfach nur schön. Die Rede ist vom Flughafen Malé auf den Malediven. Die Malediven sind eine kleine Republik, die zu 90% aus Wasser besteht. Auf 106.000 km² verstreut tummeln sich 2.290 kleine Inseln, die meisten von ihnen ragen gerade noch so aus dem Wasser. Lediglich 290 dieser kleinen Eilande sind bewohnt, 90 davon sind dem Tourismus gewidmet und beherbergen kleine Hotels an malerischen Stränden.

Per „Lufttaxi" zum Hotel

Das zieht circa 700.000 Touristen jährlich an. Diese müssen die Insel natürlich erreichen. Hier kommt die Insel Hulhule ins Spiel. Sie ist der Hauptinsel der Malediven, Malé, vorgelagert und beherbergt den internationalen Flughafen des kleinen Inselstaates. Auf dieser Insel befindet sich eine 3.200 Meter lange Runway, die inmitten des Meeres ein wenig wie ein natürlicher Flugzeugträger anmutet. Nachdem die Touristen gelandet sind, müssen sie natürlich weiter zu ihrer Insel. Das würde zum Beispiel mit einer Fähre funktionieren. Doch am besten und schnellsten geht es mit einem Taxi der besonderen Art: mit dem Wasserflugzeug. Maldivian Air Taxi und Transmaldivian bieten, mit Twin-Otters ausgerüstet, schnelle Verbindungen zu den einzelnen Touristeninseln an.

Eine Twin-Otter der Transmaldivian. Das Wasserflugzeug fliegt kleinere Inseln an.

Sportfliegerei im Gebirge

Tolle Aussichten – und große Gefahren!

101

Es gibt wenige Dinge in der Fliegerei, die mehr Spaß machen, als durch schöne Berglandschaften zu kurven. Die Aussicht bei einem solchen Vergnügen ist nahezu unschlagbar – sie hat aber auch ihren Preis. Heftige Föhnwinde und daraus resultierende Windböen, Auf- und Abwinde können jederzeit Auftreten und bei nicht ausreichender Ausbildung und Flugvorbereitung zur tödlichen Gefahr werden. Auch Nebel und Gewitter sollte man unter allen Umständen vermeiden (dann ist ja außerdem auch die schöne Aussicht futsch). Eine äußerst sorgfältige Routenplanung und gründliche Checks an der Maschine sind, wie bei jedem Flug, unabdingbar! Hier gilt es, die richtige Flugtaktik zu finden – Safety First!

Fliegen im Gebirge – Vorbereitung ist das A und O

Ein wichtiger Grundsatz zum Fliegen im Gebirge: Geflogen wird nur bei gutem Wetter und am besten in den früheren Morgenstunden. Vor allem im Sommer können durch feuchte Luft und die starke Sonnenein-

Blick auf die Schweizer Alpen

Bei aller Schönheit hat das Fliegen im Gebirge auch seine Tücken!

strahlung im Tagesverlauf gigantische Gewitterwolken aufquellen. Für die Alpenüberquerung gibt es spezielle violette Markierungen in den Schweizer ICAO-Flugkarten. Die auf ihr eingetragenen minimalen Flughöhen sollte man auf keinen Fall unterschreiten – „If in doubt, keep out!" ist auch hier die goldene Regel.

If in doubt, keep out!

Eine weitere Gefahr beim Fliegen im Gebirge ist, dass der Motor des Flugzeugs in großen Höhen drastisch an Leistung verliert, da die Luft mit zunehmender Höhe immer dünner wird. Die Wärme im Sommer und hohe Luftfeuchtigkeit können dieses Problem noch verstärken. Eigentlich sollte sich dessen jeder Pilot bewusst sein, doch trotzdem geschehen die meisten Unfälle beim Fliegen im Gebirge aufgrund dieser Tatsache. Hohe Steigraten und enge Kurvenradien sind so nicht mehr machbar, daran sollte man also denken, wenn man das nächste Mal auf die Idee kommt, über einen hohen Pass zu fliegen.

Bildnachweis

Umschlag: Vorderseite – Deutsche Lufthansa AG Bildreaktion und Dokumentation Frankfurt/M.; Rückseite – Jens Nannen; S. 8, 9, 12, 15, 19, 32, 114, 115, 130, 159, 162, 181: picture-alliance / dpa; S. 10, 11: picture alliance / Globe-ZUMA; S. 13: picture alliance / AP Photo; S. 14, 18, 20, 21: picture alliance / Everett Collection; S. 16, 17: Picture-Alliance / Photoshot; S. 22: Lefteris Papaulakis / Shutterstock.com; S. 23, 35: picture-alliance / Imagno; S. 24: picture alliance / United Archives/ WHA; S. 25: picture alliance / newscom; S. 26, 138: picture alliance/AP Images; S. 27, 42, 43, 45, 46, 47, 55 unten, 57, 61 unten, 62, 66, 67, 71, 83, 84, 85, 86, 87, 88, 89, 91, 92, 93, 95, 96, 97, 98, 100, 111, 116, 127, 134, 147, 156, 157, 166, 168, 169, 172, 176: Aaron Püttmann; S. 28: tigristiara / Shutterstock.com; S. 29: Vytautas Kielaitis / Shutterstock.com; S. 30, 31, 40, 41, 51, 52, 53, 54, 55 oben, 61 oben und Mitte, 65 oben, 154: Jens Nannen; S. 33, 188, 189: Manuel Rauch; S. 34: wikicommons/PLANETAIRE; S. 36: picture alliance / NurPhoto; S. 37: wikicommons/Juergen Lehle; S. 38: Mauvries / Shutterstock.com; S. 39: cpaulfell / Shutterstock.com; S. 48, 49: Sven Pferdmenges; S. 50: Dennis Kartenkaemper / Shutterstock.com; S. 56, 58, 59, 73, 140, 141: Felix Buchwald; S. 63: Rainer Spoddig; S. 65 unten: picture alliance / ASSOCIATED PRESS; S. 68: 1000 Words / Shutterstock.com; S. 69: Stefan Schmitz; S. 74: ESB Professional / Shutterstock.com; S. 75: pio3 / Shutterstock.com; S. 76: ID1974 / Shutterstock.com; S. 77: Free Wind 2014 / Shutterstock.com; S. 78, 79: IanC66 / Shutterstock.com; S. 80: emkaplin / Shutterstock.com; S. 81: Everett Historical / Shutterstock.com; S. 90: EQRoy / Shutterstock.com; S. 94: Leonard Zhukovsky / Shutterstock.com; S. 99: Joseph Sohm / Shutterstock.com; S. 101: Markus Mainka / Shutterstock.com; S. 102: Georgejmclittle / Shutterstock.com; S. 103: Francesco Scatena / Shutterstock.com; S. 104: ChameleonsEye / Shutterstock.com; S. 105: Sunflowerey / Shutterstock.com; S. 106: Burben / Shutterstock.com; S. 107, 139: Mario Hagen / Shutterstock.com; S. 108: Sorbis / Shutterstock.com; S. 109: withGod / Shutterstock.com; S. 110: picture alliance / Peter Lehner; S. 112: Monika Wisniewska / Shutterstock.com; S. 113, 119, 177: John Siebert; S. 117: picture alliance / United Archives/Pilz; S. 118, 128: picture alliance / Wolfgang Hilse; S. 120: J. Waldron / Shutterstock.com; S. 121: picture alliance / ZB/euroluftbild.de; S. 122: Dmitry Birin / Shutterstock.com; S. 123: Ondrej Schaumann / Shutterstock.com; S. 124: Pierre Alexander; S. 125 oben: wikicommons/Yan Gouger; S. 125 unten: Mehdi Photos / Shutterstock.com; S. 126: wikicommons/Olivier Cleynen; S. 129, 142: picture alliance/JOKER; S. 131: wikicommons/Shawn from Airdrie, Canada; S. 132: picture-alliance / dpa/dpaweb; S. 133: Oleg Kozlov / Shutterstock.com; S. 135: litabit / Shutterstock.com; S. 136: Inked Pixels / Shutterstock.com; S. 137: Asmus Koefoed / Shutterstock.com; S. 143: You Touch Pix of EuToch / Shutterstock.com; S. 144: Jaromir Chalabala / Shutterstock.com; S. 145: Tupungato / Shutterstock.com; S. 146: picture alliance/APA/picturedesk.com; S. 148, 149: NADA GIRL / Shutterstock.com; S. 151 oben: Olaf Speier / Shutterstock.com; S. 151 unten: Anton Hlushchenko / Shutterstock.com; S. 152: wikicommons/Dr. Joachim Opitz-Joeopitz; S. 153: wikicommons/NJR-ZA; S. 155: Konwicki Marcin / Shutterstock.com; S. 158: Milkovasa / Shutterstock.com; S. 160: Martchan / Shutterstock.com; S. 161: picture alliance/Science Photo Library; S. 163: Jaroslav Moravcik / Shutterstock.com; S. 164: Jordan Tan / Shutterstock.com; S. 165: Jakraphong Photography / Shutterstock.com; S. 167: suriya phonlakorn / Shutterstock.com; S. 170, 174: InsectWorld / Shutterstock.com; S. 171: ivandan / Shutterstock.com; S. 173: Igor Marx / Shutterstock.com; S. 175: Artyom Anikeev / Shutterstock.com; S. 178: Markus Mainka / Shutterstock.com; S. 179: Sascha D'Angelo; S. 180: HUANSHENG XU / Shutterstock.com; S. 182: Alberto Loyo / Shutterstock.com; S. 183: picture alliance / Westend61; S. 184: Byelikova Oksana / Shutterstock.com; S. 185: Jiri Foltyn / Shutterstock.com; S. 186: wikicommons/enrique galeano morales from tegucigalpa; S. 187: Pri Ma / Shutterstock.com

Ebenfalls erhältlich …

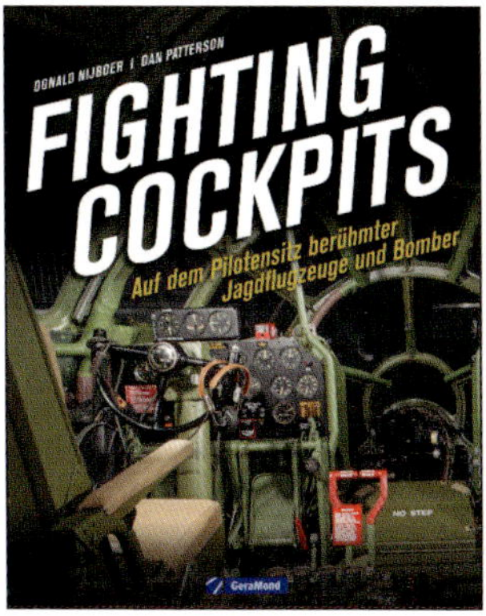

ISBN 978-3-86245-032-9

ISBN 978-3-86245-323-8

ISBN 978-3-95613-009-0

ISBN 978-3-95613-444-9

GeraMond

www.geramond.de

Impressum

Verantwortlich: Lothar Reiserer
Lektorat: Charlotte von Schelling
Layout und Satz: Silke Schüler
Korrektorat: Christian Schneider
Einbandgestaltung: Ralph Hellberg
Herstellung: Anna Katavic
Repro: Cromika
Printed in Italy by Printer Trento

Sind Sie mit diesem Titel zufrieden? Dann würden wir uns über Ihre Weiterempfehlung freuen.
Erzählen Sie es im Freundeskreis, berichten Sie Ihrem Buchhändler oder bewerten Sie bei Ihrem nächsten Onlinekauf. Und wenn Sie Kritik, Korrekturen oder Aktualisierungen haben, freuen wir uns über Ihre Nachricht an GeraMond Verlag, Postfach 40 02 09, D-80702 München oder per E-Mail an lektorat@verlagshaus.de.

Unser komplettes Programm finden Sie unter www.geramond.de

Alle Angaben dieses Werkes wurden vom Autor sorgfältig recherchiert und auf den aktuellen Stand gebracht sowie vom Verlag geprüft. Für die Richtigkeit der Angaben kann jedoch keine Haftung übernommen werden.

Die Deutsche Nationalbibliothek verzeichnet diese Publikation in der Deutschen Nationalbibliografie; detaillierte bibliografische Daten sind im Internet über http://dnb.d-nb.de abrufbar.

ISBN 978-3-95613-398-5